Einsteins verlorener Schlüssel

Warum wir die beste Idee des 20.Jahrhunderts übersehen haben

Alexander Unzicker

ISBN: 1517045452
ISBN-13: 978-1517045456

Inhaltsverzeichnis

Einführung

Dies ist ein Buch über Kosmologie. Vielleicht fragen Sie sich, ob solche Themen nicht intellektueller Luxus sind in einer Zeit, in der die Menschheit sich den vielleicht größten Herausforderungen der Geschichte stellen muss. Werden wir die Erde vor kosmischen Katastrophen schützen können?

Werden wir diesen wunderbaren Planeten vor den schwerwiegenden Konsequenzen bewahren können, die wir durch unsere eigene Nachlässigkeit verursachen? Werden die sich verändernden Gesellschaften die Prinzipien retten, die das menschliche Zusammenleben erst ermöglichten?

Wird die Evolution unserer wohl einzigartigen Intelligenz, die wir derzeit grundlegend beeinflussen, unsere Existenz als menschliche Wesen verändern? Wird es, wenn überhaupt, andere Zivilisationen geben, die sich im Universum behaupten?

Wie die Geschichte zeigt, stand das Verständnis der Realität stets am Beginn jener Schritte, die unsere Zivilisation weiterentwickelt haben. Meiner Überzeugung nach wird ihr langfristiges Überleben auch davon abhängen, bis zu welcher Tiefe wir die Naturgesetze entschlüsseln.

Motor für die größten Einsichten der Menschheitsgeschichte war nie Nützlichkeit, sondern der Drang, die Welt zu verstehen. Albert Einstein war unter denen, die besonders leidenschaftlich den Geheimnissen der Natur auf der Spur war. Er war es, der vor hundert Jahren zum Fortschritt der Wissenschaft in außerordentlicher Weise beitrug, was uns hier besonders beschäftigen wird.

Nach allgemeinem Dafürhalten war Einstein ein Genie, jedoch ein unverständliches. Seiner eigenen Sicht der Dinge entsprach dies nicht. Er war vielmehr folgender Meinung: wenn man etwas verstanden hat, kann man dies auch anschaulich erklären.

Ich teile diese Ansicht und glaube im Gegensatz zu anderen Wissenschaftsautoren nicht, dass Sie, der Leser, zu dumm sind, Einsteins Relativitätstheorien zu erfassen.

Ich halte es vielmehr als meine Pflicht als Wissenschaftler, Erkenntnisse bestmöglich mit jenen zu teilen, die nicht das Privileg hatten, ihr Leben in dem Maße den grundlegenden Fragen zu widmen, wie sie es sich vielleicht gewünscht haben. Dieser Transfer des Wissens in eine breitere Öffentlichkeit ist einerseits eine Bringschuld der Forschung, andererseits halte ich es aber auch für eine notwendige Befruchtung und Erdung der Wissenschaft selbst.

Die Wissenschaftsgeschichte hat an zahlreichen Beispielen gezeigt, dass geschlossene Zirkel von sogenannten Experten in ihren Überzeugungen weit vom richtigen Weg abgekommen sind. Verfestigte kollektive Denkblockaden haben den Fortschritt oft für lange Zeit aufgehalten. Es ist daher unabdingbar, dass neue Erkenntnisse von Menschen mit wissenschaftlicher Allgemeinbildung evaluiert werden können, wenn sie sich auf lange Sicht als korrekt erweisen sollen.

Dazu muss sich eine aufgeklärte Öffentlichkeit im Sinne von Immanuel Kant als mündig genug begreifen, sich Ihres Verstandes ohne Anleitung anderer zu bedienen. Denn die Gesellschaft muss letztlich die Theorien verstehen und beurteilen, von denen ihr Schicksal auf lange Sicht abhängt.

Es gibt deutliche Hinweise darauf, dass die derzeitigen Modelle der Physik zu gekünstelt sind, als dass sie noch wirklich überzeugend erscheinen. Jedenfalls haben Geschichten über Wurmlöcher und Paralleluniversen mehr Ähnlichkeit mit der Science-Fiction-Industrie als mit der Physik von Einstein. Bis zu welchem Grad die Standardmodelle der Physik noch korrekt sind, ist schwer zu beurteilen, und mancher könnte meine persönlichen Ansichten dazu auch für zu kritisch halten.

Jedoch sollte pure Logik wenigstens die Möglichkeit in Erwägung ziehen lassen, dass die Physik seit einiger Zeit vom rechten Weg abgekommen ist. Aus diesem Grund halte ich es für lohnend, auch vergessene Ideen auszugraben und daran zu arbeiten.

Es ist nicht nur ein außerordentlich interessanter Ansatz von Einstein, der meiner Ansicht nach neu bewertet werden muss, sondern auch andere tiefe Ideen, die damit in enger Beziehung stehen. Der Wiener Philosoph Ernst Mach, die Nobelpreisträger Erwin Schrödinger und Paul Dirac, der visionäre Kosmologe Dennis Sciama sowie der amerikanische Astrophysiker Robert Dicke, sie alle hatten etwas zu sagen, was in der Kombination das Verständnis des Universums, wie ich meine, revolutionieren kann.

In Anbetracht der heute vorliegenden Fakten würde ich sogar behaupten, dass sich diese Gedanken wie ein wundersames Puzzle zusammenfügen, und ich bin gespannt, wie Sie die Argumente bewerten, die ich dafür anführen werde. Sie mögen am Ende mit dieser Sicht übereinstimmen oder auch nicht. Aber Tatsache bleibt, dass ein halbes Dutzend der größten Physiker ihre Gedanken damals nicht so in Verbindung gebracht haben, wie wir das heute können.

Es ist eher unwahrscheinlich, dass die Thesen dieses Buches in der Gemeinde der Astrophysiker mit offenen Armen empfangen werden. Dies ist wahrscheinlich ebenso wenig gewollt, wie es unvermeidlich ist.

Die hier ausgebreiteten Ideen sind leider mit den etablierten Modellen ziemlich unvereinbar, sodass ich auf Kritik in jeder Form gefasst bin. Man wird aber wohl zugestehen müssen, dass die hier vorgestellte Synthese das Interesse von Mach, Einstein, Dirac, Schrödinger, Sciama und Dicke hervorgerufen hätte.

Das allein ist mir genug, und wenn man diesem Buch keinen anderen Verdienst zubilligt, dann jedenfalls den, deutlich gemacht zu haben, dass die Ideen jener Denker unerkannte Gemeinsamkeiten haben. Ich hoffe, ich kann Sie von diesem faszinierenden Zusammenspiel begeistern und wünsche Ihnen viel Spaß beim Lesen.

München, im November 2015

Alexander Unzicker

Kapitel 1

Der blinde Fleck der Physik

Warum Einsteins beste Idee bis heute unbekannt ist

Einstein, der größte Physiker aller Zeiten, Einstein, das Genie, Einstein, der Inbegriff des Forschers – er selbst spottete über den Personenkult, der ihn umgab, und doch war Einstein als Wissenschaftler einzigartig. Nicht nur basiert ein großer Teil der theoretischen Physik auf seinen Erkenntnissen, auch Einsteins unverwechselbare Arbeitsweise, seine kompromisslose Suche nach der Wahrheit, seine Getriebenheit, die Natur verstehen zu wollen, machen ihn bis heute zu einer Identifikationsfigur.

Man möchte meinen, dass sein Lebenswerk daher genauestens untersucht ist und seine Ideen von Forschern in aller Welt weiterverfolgt werden. Leider ist dem nicht so. Zwar gibt es eine Reihe von Biographien, die sein Leben bis hin in die privaten Winkel ausleuchten, die Würdigung seines wissenschaftlichen Erbes konzentriert sich jedoch auf ganz wenige Arbeiten, die seinen bekannten Theorien zugrunde liegen.

Besonders prominent sind die Spezielle und die Allgemeine Relativitätstheorie, die er 1905 bzw. 1915 endgültig formulierte. Das Bild ihrer Entstehung bleibt jedoch unvollständig, wenn man die Zwischenzeit ausblendet, in der Einstein mehr oder weniger ununterbrochen mit der Theorie gerungen hat. Im Rückblick wird eine vielschichtige Handlung oft zu Unrecht auf das reduziert, was sich später durchsetzte. Manchmal bleibt dabei ein entscheidender Aspekt auf der Strecke – so scheint es auch bei der Entstehung der Relativitätstheorie zu sein, bei der ein einfacher und doch revolutionärer Gedanke Einsteins völlig in Vergessenheit geraten ist.

Zahlreiche kreative Beiträge von Einstein und seinen Mitstreitern, begleitet von nicht wenigen Irrwegen, formten nach und nach die Allgemeine Relativitätstheorie. Jene Version, die sich im November 1915 etablierte, als singuläre Erkenntnis zu betrachten, ist bei gründlicher Würdigung des physikalischen Inhalts nicht gerechtfertigt. Vielmehr scheint es, dass Einstein um 1911 den Schlüssel zu einer noch größeren Entdeckung in der Hand hielt, eine bahnbrechende Idee, die die Gravitation direkt aus den Eigenschaften des Universums erklärt hätte – eine Theorie mit variabler Lichtgeschwindigkeit. Nicht nur die Lichtgeschwindigkeit c_0 wäre von allen Massen im Universum beeinflusst, sondern auch noch die Definition von Meter und Sekunde. Diese ebenfalls variablen Zeit- und Längenmaßstäbe gaukeln uns in ihrem Zusammenspiel eine konstante Lichtgeschwindigkeit von 299792458 Meter pro Sekunde dann nur vor.

Einstein, der 1905 aus dieser messbar konstanten Lichtgeschwindigkeit seine Spezielle Relativitätstheorie hergeleitet hatte, hatte diese in einem Geniestreich verallgemeinert. Der Gedanke ist revolutionär und stellt einiges der Physik des 20. Jahrhunderts infrage, bis hin zur sogenannten „beschleunigten" Expansion, ja sogar die Expansion des Universums selbst. Zunächst verbergen sich jedoch subtil die Konsequenzen von Einsteins Idee der variablen Zeitmaßstäbe, die er 1911 auf den Punkt brachte:[1]

> *„Nichts zwingt uns zu der Annahme, dass ... Uhren als gleich rasch gehend aufgefasst werden müssen."*

Es ist erstaunlich, wie unbekannt dieser Artikel, der immerhin in den *Annalen der Physik* publiziert wurde, über die Zeit hinweg geblieben ist. Der Ansatz blieb nicht nur Stiefkind der Forschung, ja es wurde sogar über die variable Lichtgeschwindigkeit geschrieben, ohne dass Einstein als Urvater der Idee Erwähnung fand! Freilich übersahen jene späteren Versuche den Kern von Einsteins Entdeckung: Sie hätte es prinzipiell ermöglicht, eine fundamentale Naturkonstante – Newtons Gravitationskonstante – zu berechnen und damit überflüssig zu machen. Einstein hätte damit Newtons Theorie nicht nur verbessert, sondern ersetzt und seinen Vorgänger noch weiter überragt.

Ein Geistesblitz aus schlichter Überlegung

Tatsächlich war eine variable Lichtgeschwindigkeit Einsteins erster Impuls auf der Suche nach der Allgemeinen Relativitätstheorie, den er schon 1907 erwähnte. Im gleichen Jahr hatte er das sogenannte Äquivalenzprinzip formuliert, ein geniales Gedankenexperiment, das als Grundlage der Theorie gilt. Einstein erkannte, dass es unmöglich ist zu unterscheiden, ob man im schwerelosen Weltraum von einer beschleunigenden Kraft angetrieben wird oder ob diese Kraft von einem gewöhnlichen Gravitationsfeld herrührt, wie wir es auf der Erde spüren. Einstein folgerte, dass Lichtstrahlen in einem Gravitationsfeld eine Krümmung erfahren müssen, und bis heute ist dies eine hervorragend getestete Vorhersage der Allgemeinen Relativitätstheorie.

Gekrümmte Lichtstrahlen erinnerten Einstein an das nach dem holländischen Physiker Christiaan Huygens benannte Prinzip, dass Licht sich stets den schnellsten Weg sucht – nicht etwa den kürzesten. Weil die Lichtgeschwindigkeit in Glas kleiner ist, erklärt sich damit zum Beispiel die Fähigkeit von Linsen, Lichtstrahlen abzulenken und zu bündeln. Daran dachte Einstein 1911 und vermutete, dass in der Nähe von Himmelskörpern, also in Gravitationsfeldern, die Lichtgeschwindigkeit ebenfalls geringer sei. Schon darin liegt die zentrale Idee der Allgemeinen Relativitätstheorie. Galaxienhaufen (die erst Jahrzehnte später entdeckt wurden) bündeln zum Beispiel auf diese Weise Licht ähnlich wie Sammellinsen. Die Astronomen nennen sie heute Gravitationslinsen, ohne dass ihnen der unmittelbare Zusammenhang zu Einsteins Idee der variablen Lichtgeschwindigkeit bewusst ist.[2]

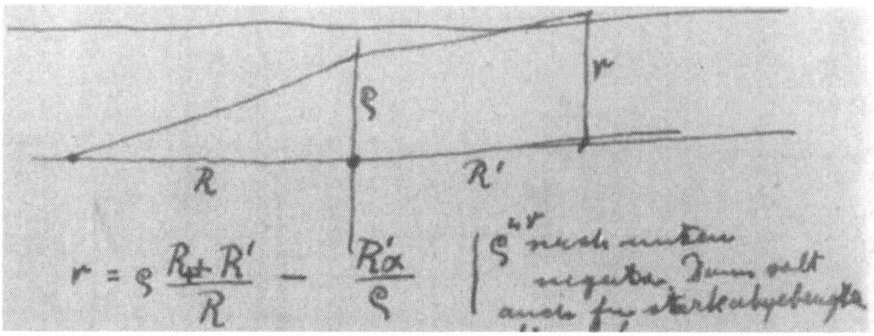

Skizze zur Lichtablenkung aus Einsteins Notizbuch [Albert Einstein Archives, Hebrew University Jerusalem]

Die geheimnisvolle Rolle des Universums

Angesichts der späteren sehr anspruchsvollen Umformulierung der Allgemeinen Relativitätstheorie mag es vielleicht merkwürdig scheinen, dass ihre Kernaussage – Licht bewegt sich auf gekrümmten Bahnen, und dafür ist Gravitation verantwortlich – so anschaulich formuliert werden kann. Aber es war nun mal Einsteins intuitive Art und Weise, an das Problem heranzugehen. Wie so oft, war die erste Idee hier die beste.

Wie die verschiedenen Darstellungen zusammenhängen, wird noch Thema der folgenden Kapitel sein. Der entscheidende Punkt jedoch ist, dass jene von Einstein 1911 entwickelte Formel einen Schatz barg, den er damals noch nicht erkennen konnte – obwohl er einen Hinweis erhalten hatte.

Der Wiener Physiker und Philosoph Ernst Mach hatte schon 1883 tiefgründige Gedanken zur Gravitation veröffentlicht, die Einstein zeitlebens faszinierten. Mach hatte bereits verstanden, dass Bewegungsgesetze nur von der relativen Bewegung der Körper abhängen können, was Einstein 1905 mit der Speziellen Relativitätstheorie überaus elegant formulierte. Darüber hinaus hatte Mach auch profunde Argumente angeführt, warum der

Trägheitswiderstand eines Körpers gegen eine Beschleunigung – und damit der Begriff der Masse selbst – ebenfalls von der Bewegung des Körpers relativ zum Rest des Universums abhängen sollte. Auch entfernte Galaxien würden mit beeinflussen, mit welcher Geschwindigkeit ein Apfel vom Baum fällt! Dies würde bedeuten, dass die winzige Stärke der Gravitationskraft mit der enormen Größe des Universums zusammenhängt. Einstein hatte sich darüber den Kopf zerbrochen, fand aber keine Möglichkeit, Machs Idee in seine spätere Theorie einzubauen. 1911 hatte er es aber bereits getan – ohne es zu wissen.

Jene Formel, die er in dem Artikel zur variablen Lichtgeschwindigkeit für das Gravitationspotenzial angab, implizierte, dass sich die Gravitationskonstante selbst aus der Massenverteilung im Universum berechnen ließ – nur konnte Einstein dies nicht bemerken. Denn die Größe des Universums konnte man erst ab etwa 1930, nach den Entdeckungen des amerikanischen Astronomen Edwin Hubble, erahnen. Damals diskutierte man noch, ob es neben unserer Milchstraße noch andere Galaxien geben könne (obwohl schon Immanuel Kant solche „Welteninseln" vermutet hatte). Das bedeutet: Einstein wusste schlichtweg noch nichts von anderen Galaxien und hatte daher noch keine Vorstellung von der wahren Größe des Universums!

Dennoch schrieb er 1911 eine Formel auf, die ihn wohl in helle Aufregung versetzt hätte, wären ihm die späteren Daten bekannt gewesen. Sie hätten den mysteriösen, von Ernst Mach vermuteten Zusammenhang zwischen Gravitationskraft und der Größe des Universums als die beiden Seiten einer mathematischen Gleichung erkennen lassen. Dass Hubbles Beobachtung zwanzig Jahre zu spät kam, kann man nur als tragische Laune der Wissenschaftsgeschichte ansehen. Sie klingt so unglaublich, dass sich hier natürlich eine Reihe von Erläuterungen anschließen muss.

Wo waren die anderen Physiker?

Der mysteriöse Zusammenhang der neu entdeckten Größe des Universums mit der Stärke der Gravitation war einigen Forschern in den 1930er Jahren aufgefallen, unter anderem Sir Arthur Eddington, der Einstein mit seiner legendären Sonnenfinsternis-Expedition berühmt gemacht hatte, und Paul Dirac, dem genialen Mitbegründer der Quantenmechanik und Nobelpreisträger von 1933.

Weder Eddington noch Dirac stellten jedoch die Verbindung zu Einsteins Theorie der variablen Lichtgeschwindigkeit her. Dies blieb 1957 – zwei Jahre nach Einsteins Tod – Robert Dicke vorbehalten, einem Astrophysiker aus Princeton. Er wurde später wegen seiner Rolle bei der Entdeckung des kosmischen Mikrowellenhintergrunds bekannt, wobei er nur durch Pech den Nobelpreis verpasste. Dicke hatte Ernst Mach studiert, sah die Sprengkraft in Einsteins Formel und verbesserte sie sogar in einem entscheidenden Punkt.

Aus Gründen, die Dicke wohl nur selbst hätte erklären können, wahrscheinlich aber, weil ihm in der Veröffentlichung[3] von 1957 ein Rechenfehler unterlaufen war, gab er diesen Ansatz wieder auf. Er wandte sich einer anderen Theorie zu, die bekannter wurde, obwohl sie den Grundgedanken verwässerte. Diese Brans-Dicke-Theorie scheiterte im Laufe der Jahre mit ihren Vorhersagen, was Dicke sicherlich frustriert hat. Dadurch übersah er offenbar auch den Wert seiner Wiederentdeckung der alten Einstein'schen Idee. Er griff seinen ersten, wahrlich revolutionären Gedanken in der Arbeit von 1957 leider nicht mehr auf. Eine ungeschickte Wahl des Titels tat ein Übriges, dass diese Perle erneut dem Vergessen anheimfiel.

Verführt von Geometrie

Die Frage, die sich hier aufdrängt, ist natürlich, warum Einstein selbst sich nicht wieder mit seinem Geniestreich befasst hat, nachdem ihm die kosmologischen Beobachtungen in den 1930er Jahren bekannt wurden. Auch darauf finden sich plausible Antworten, wenn man die Entwicklungsgeschichte der Allgemeinen Relativitätstheorie näher betrachtet.

Nachdem Einstein im Juni 1911 in Prag seinen Artikel zur variablen Lichtgeschwindigkeit geschrieben hatte, kehrte er im folgenden Jahr nach Zürich zurück, wo er mit seinem alten Studienfreund Marcel Grossmann zusammentraf, dessen Vater Einstein zu seiner ersten Anstellung – im Berner Patentamt – verholfen hatte.

Marcel Grossmann war inzwischen Professor für darstellende Geometrie an der ETH Zürich. Gekrümmte Lichtstrahlen erinnerten ihn sofort an sein Fachgebiet Differenzialgeometrie, die sich mit gekrümmten Wegen in gekrümmten Räumen beschäftigt. Einstein war fasziniert, dass sich seine Überlegungen in einer für ihn damals neuen Mathematik formulieren ließen, aber der physikalische Aspekt der variablen Lichtgeschwindigkeit trat dabei in den Hintergrund. Rückblickend muss man wohl sagen, dass die Zusammenarbeit mit Grossmann ihn letztlich von seiner besten Idee weggeführt hat.

Insbesondere blieb Einstein die Entwicklung der Allgemeinen Relativitätstheorie als ein Wettstreit von formal-geometrischen Versionen im Gedächtnis haften. 1913 publizierte er mit Grossmann einen *Entwurf einer verallgemeinerten Relativitätstheorie und einer Theorie der Gravitation*, der noch eine mathematische Inkonsistenz enthielt. Zudem wurde dabei die Vorhersage gemacht, die Ablenkung eines Lichtstrahls an der Sonne betrage etwa 0,85 Bogensekunden – ein Wert, der sich später als falsch erweisen sollte.

Denselben falschen Wert hatte Einstein bereits früher mit seiner Theorie der variablen Lichtgeschwindigkeit erhalten. Einstein hatte 1911 angenommen, die variable Lichtgeschwindigkeit rühre allein von einem variablen *Zeit*ablauf her, nicht aber von den ebenfalls im Gravitationsfeld verkürzten *Längen*maßstäben.

Die Diskrepanz zwischen den fehlerhaft berechneten 0,85 Bogensekunden und dem korrekten doppelten Wert von 1,70 Bogensekunden sah Einstein später aber stets als *Experimentum crucis* an, das zwischen den beiden *mathematischen* Versionen entschied, die er 1913 bzw. 1915 publiziert hatte. Dass der korrekte Wert sich auch unter der Annahme einer variablen Lichtgeschwindigkeit ergibt, was Robert Dicke 1957 zeigte, ahnte er nicht. Im Gegenteil, der Erfolg der Formulierung von 1915, die den korrekten Wert vorhersagte, trug sicher auch dazu bei, in Einsteins eigener Sicht den genialen Gedanken von 1911 als vorläufigen, untauglichen Versuch einzuordnen.

Dieser eigenartige Zufall verdient nochmals hervorgehoben zu werden: Die Korrektur der Vorhersage von 0,85 auf 1,70 Bogensekunden wurde von Einstein – und seitdem von der ganzen Welt – als „Durchbruch zur Wahrheit"[4] angesehen, was innerhalb der zur Auswahl stehenden mathematischen Formulierungen auch seine Berechtigung hat.

Dies hat jedoch nichts mit der Frage zu tun, ob man die Allgemeine Relativitätstheorie nicht auch – oder sogar besser – im Rahmen einer variablen Lichtgeschwindigkeit formuliert. Unglücklicherweise war deren erste Version ebenfalls unvollständig und sagte den kleineren Wert von 0,85 Bogensekunden vorher, sodass es naheliegt, sie mit der inkorrekten mathematischen Version von 1913 zu verwechseln. Nahezu alle Physiker würden auf den ersten Blick diesem Trugschluss erliegen. Praktisch niemand kennt die Lösung des Problems durch Robert Dicke aus dem Jahr 1957.

Fluch der Berühmtheit

Die formal-geometrische Fassung der Allgemeinen Relativitätstheorie wurde auch durch den spannenden Wettlauf berühmt, den sich Einstein im November 1915 mit dem berühmten Mathematiker David Hilbert lieferte. Diesem war die Fragestellung überhaupt erst durch Einstein bekannt geworden. Hilberts mathematische Fähigkeiten jagten Einstein jedoch die berechtigte Angst ein, dieser könnte ihm die Entdeckung vor der Nase wegschnappen. Tatsächlich publizierte Hilbert die entscheidenden Gleichungen möglicherweise früher,[5] erkannte aber großzügig Einsteins Priorität für die Allgemeine Relativitätstheorie als Ganzes an.

Weltruhm erlangte Einstein schließlich 1919, als Sir Arthur Eddington in London die Ergebnisse seiner Sonnenfinsternis-Expeditionen bekannt gab. Dort hatten sich die Koryphäen der Physik auf einer Tagung der *Royal Society* versammelt. Die neue Theorie – die damals als für Laien unverständlich galt – wurde spektakulär bestätigt, Newton als vom Thron der Wissenschaft gestürzt erklärt. Wer konnte noch daran denken, dass Einsteins anschauliche Idee von 1911 mit einer kleinen Ergänzung ebenfalls[6] diese Leistung vollbracht hätte?

Die weltweite Anerkennung, die Einstein bis auf die Titelseite der *New York Times* brachte, zementierte für Jahrzehnte die geometrische Formulierung, wenngleich die meisten in einer Mischung aus Bewunderung und Unverständnis um die Details der Differenzialgeometrie einen Bogen machten. Später wurde Einsteins Zugang von einigen Mathematikern verständlicher dargestellt und etwas entmystifiziert. Nach wie vor ist aber die Allgemeine Relativitätstheorie wegen ihrer mathematischen Schwierigkeiten gefürchtet – obwohl Einstein die Krümmung von Lichtstrahlen schon 1911 korrekt und leicht verständlich beschrieben hatte.

Die von ihm 1915 verwendete Mathematik faszinierte Einstein in den 1920er Jahren als solche, und er begann, insbesondere in Zusammenarbeit mit dem französischen Mathematiker Élie Cartan, an einer „einheitlichen Feldtheorie" zu arbeiten. Diese an sich hochinteressanten Versuche, mit denen Einstein Naturgesetze rein mathematisch konstruieren wollte, begeisterten ihn besonders um 1930. Vielleicht maß er dabei der Kosmologie, die um diese Zeit nicht sein Hauptanliegen war, zu wenig Bedeutung bei.

Kosmologie zur Unzeit

Sogar Einsteins Besuch in Pasadena im Jahr 1931 bei Edwin Hubble, kurz nachdem dessen sensationelle Ergebnisse bekannt geworden waren, änderte daran wenig. Das Zusammentreffen der beiden Forscher war publikumswirksam, aber Einstein wurde dadurch lediglich in die allgemeine Debatte hineingezogen, ob das Universum statisch sei oder expandiere.

Edwind Hubble und Albert Einstein. Im Jahr 1931 besuchte Einstein Hubble am Mount-Wilson-Teleskop in Pasadena. [Emilio Segrè Archives]

Diese Sichtweise lenkte ihn vielleicht von den wirklichen Problemen ab, denn die Fragen, die Ernst Mach einst aufgeworfen hatte, verblassten neben den spektakulären Bildern. Vor allem waren Anfang der 1930er Jahre auch die Abschätzungen der Größe und vor allem der Masse des Universums noch rudimentär – also genau jene Daten, die seine Idee der variablen Lichtgeschwindigkeit von 1911 hätten stützen können. Fast scheint es, als hätte dem Eigenbrötler Einstein der Kontakt mit der Prestigewissenschaft hier nicht gut getan.

Erst um 1938 wurde von Paul Dirac die mysteriöse numerische Verbindung zwischen Universum und Gravitationskonstante freigelegt, die seither eine Vielzahl von Physikern beschäftigt hat. Dirac stellte sogar einen verblüffenden Zusammenhang mit der Größe der Elementarteilchen her, der Einstein eigentlich hätte aufhorchen lassen müssen. Aber wo war Einstein und was tat er?

Es ist schwer, im Nachhinein seine damaligen Beschäftigungen exakt zu rekonstruieren. Fest steht aber, dass er an verschiedenen anderen Kriegsschauplätzen tätig war, wie der einheitlichen Feldtheorie, dem Konflikt mit der Quantenmechanik („Gott würfelt nicht“) und leider auch einem sehr realen – der Bedrohung durch eine mögliche Entwicklung der Atombombe in Deutschland, die Hitler eine schreckliche Waffe in die Hand gegeben hätte. Davon alarmiert, unterzeichnete Einstein 1939 einen Brief an den US-Präsidenten Roosevelt, der zum Beginn des *Manhattan Project* beitrug.

Jedenfalls ist nicht bekannt – ich habe dazu alle Biographien durchforstet –, dass Einstein sich mit der Beobachtung von Paul Dirac beschäftigt hat, ja überhaupt von ihr gehört hatte! Die Grenzen der damaligen wissenschaftlichen Kommunikation werden hier deutlich – und die heraufziehende Katastrophe des Zweiten Weltkrieges warf ihre unheilvollen Schatten auch auf die Wissenschaft.

Der Urknall, der keiner war

Diracs Beobachtung, dass die Größe und Masse der Elementarteilchen mit der Größe und Masse des Universums in Zusammenhang standen, war ebenso sensationell wie rätselhaft und hatte offenbar eng mit dem von Einstein bewunderten Machschen Prinzip zu tun. Dennoch formulierte Dirac sein Modell wie selbstverständlich unter der Annahme einer konstanten Lichtgeschwindigkeit – die Arbeit von Einstein, die 1911 in den *Annalen der Physik* auf Deutsch erschienen war, war ihm schlicht unbekannt. Korrespondenz pflegte der verschlossene Engländer kaum. Die vielleicht größten Physiker des 20. Jahrhunderts haben sich also über einen entscheidenden Punkt der Relativitätstheorie nicht ausgetauscht!

Das fehlende Puzzlestück der variablen Lichtgeschwindigkeit führte Dirac wahrscheinlich zu einer überstürzten Aussage über die Gravitationskonstante. Er behauptete,[7] sie müsse mit der Zeit kleiner werden, was die Beobachter bisher nicht bestätigen konnten und damit oft als widerlegt bezeichnet wird. Dass es einen direkten Zusammenhang mit der Theorie von Einstein gab, wie unter anderem Dicke 1957 aufzeigte, ist aber auch Kennern der Dirac'schen Arbeiten meist unbekannt.Ja, noch nicht einmal Dicke selbst nimmt ausdrücklich Bezug auf Einsteins Veröffentlichung, obwohl die behandelten Formeln praktisch identisch sind! Sollte Dicke tatsächlich nichts von der Arbeit von 1911 gewusst haben,[i] wäre dies zwar merkwürdig, aber jedenfalls ein weiterer Beleg für das enorme Potenzial der Idee. Dicke hatte als Erster erkannt, dass sich die Theorie der variablen Lichtgeschwindigkeit, was das Sonnensystem betrifft, nicht von der konventionellen Formulierung unterscheidet, aber für das Universum neue Vorhersagen macht. Die Besonderheit der auf Einstein zurückgehenden Idee liegt darin, dass sie für Planetenbewegungen identisch mit der Allgemeinen Relativitätstheorie ist – aber zu einer dramatisch anderen Kosmologie führt.

Dicke gab der Einstein'schen Formel nämlich einen weiteren, geradezu revolutionären Sinn. Indem er den Ansatz konsequent weiterdachte, interpretierte er die von Hubble entdeckte Rotverschiebung des Lichts entfernter Galaxien nicht wie üblich als

---

[i] Näheres dazu in Kapitel 8.

Fluchtbewegung oder als Raumausdehnung. Denn im Rahmen einer variablen Lichtgeschwindigkeit ist die Änderung der Farbe einfach eine von der Gravitation verursachte Änderung der Wellenlänge des Lichts, das uns aus großen Distanzen erreicht. Diese in Dickes Arbeit fast beiläufig erwähnte Folgerung würde das bis heute gültige Bild des Universums auf den Kopf stellen.

Mit dem Fehlen einer Expansionsbewegung gäbe es keinen Urknall im herkömmlichen Sinne mehr, es bliebe nur die Tatsache, dass Licht sich ausbreitet! Obwohl die Rotverschiebung als solche unstreitig ist, ringen die Kosmologen seit Jahrzehnten um eine korrekte Beschreibung des Universums in einem vielfältig angepassten Modell, in dem sich immer wieder Widersprüche auftun. Man stelle sich vor: Die bis heute andauernden Debatten über die Validität des Urknallmodells würden auf einem einzigen großen Missverständnis beruhen – weil die Expansion des Universums nur eine Illusion ist.

Das Fehlen einer realen Expansion wäre nicht nur ein Umsturz der bestehenden Vorstellungen, sondern auch ein entscheidender konstruktiver Beitrag zum Verständnis der Naturgesetze. Denn eine *Ursache* für die seit Hubble angenommene Ausdehnung kennt die heutige Kosmologie nicht. Dicke hingegen lieferte gleichzeitig eine *Begründung* dafür, warum das Universum zu expandieren *scheint*. Man kann nur bedauern, dass Einstein diese Interpretation seiner Formel durch Dicke nicht erlebt hat, die seinen Überzeugungen von Einfachheit und Erklärbarkeit der Physik so sehr entsprochen hätte.

Alte Rätsel erwachen

Wenn auch Dicke seine Arbeit von 1957 leider nicht weiterverfolgt hat, so hat er doch immerhin die Physiker auf das Kernproblem der Kosmologie aufmerksam gemacht. Er war der Erste, der auf die merkwürdige Eigenschaft des Universums hinwies, die heute als „Flachheit" bekannt ist. Anschaulich gesprochen: Es ist höchst verwunderlich, dass die Bewegungsenergie aller Massen im Universum so genau mit der im Gravitationsfeld gespeicherten Energie übereinstimmt.

Dieses große Rätsel würde aber aus purer Logik einsichtig, wenn Einsteins Formel von 1911 zutrifft: Denn dann wären die beiden Energieformen per definitionem gleich. Der große Forscher Hermann von Helmholtz hatte sich übrigens schon im 19. Jahrhundert die elementare Frage vorgelegt, warum die Natur überhaupt zwei so verschiedene Energieformen erfunden hat. Bei näherer Betrachtung der Wissenschaftsgeschichte erkennt man, wie Einsteins Idee der variablen Lichtgeschwindigkeit an die tiefsten, teils vergessenen Probleme des Kosmos rührt. Die gegenwärtige Physik dagegen erklärt die erwähnte „Flachheit" des Universums mit einer exotischen „Inflationstheorie", die eine dramatische Aufblähung des Universums in den ersten Sekundenbruchteilen nach dem Urknall behauptet und dabei eine Reihe von Fantasiegebilden wie „Blasen in einem falschen Vakuum", „Branes", „chaotische Inflationsphasen" und „Paralleluniversen" postuliert. Einstein beschwor stets die Einfachheit der Naturgesetze. Was, denken Sie, hätte er wohl davon gehalten?

Moderne Missverständnisse

Gerade die moderne Kosmologie hätte Anlass, sich mit Einsteins Gedanken zu beschäftigen. In den letzten Jahrzehnten gab es zwar immer präzisere Beobachtungen, aber gleichzeitig auch mehr Unverstandenes. Dies führte zu einer Komplizierung des kosmologischen Modells, dem eine Reihe von Ad-hoc-Annahmen zugrunde liegt.

Ein prominentes Beispiel dafür ist die „beschleunigte Expansion" des Universums, deren Entdeckung 2011 mit dem Nobelpreis ausgezeichnet wurde. Gewöhnlich wird die Ursache für die Beschleunigung der Expansion einer unbekannten Substanz namens „Dunkle Energie" zugeschrieben. Dass schon die Ursache der Expansion selbst unbekannt ist, wird allgemein verdrängt.

Die „Dunkle Energie“ ist letztlich ein Zahlenwert – derzeit etwa 70 Prozent der Masse des Universums –, der den Beobachtungen angepasst wird. Schon methodisch war Einstein so etwas sehr suspekt:[8] „Ich kann mir keine vernünftige Theorie vorstellen, die explizit eine Zahl enthält, welche die Laune des Schöpfers ebenso gut anders hätte wählen können.“

Aber vor allem inhaltlich würden ihn die Daten erstaunen, wüsste er, wie sehr sie auf Dickes Interpretation seiner Theorie von 1911 hindeuten: Die „beschleunigte“ Expansion besteht im Wesentlichen darin, dass man eine Abbremsung der Expansion, wie sie die konventionelle Theorie fordert, *nicht* beobachtet. Trifft Einsteins Formel zu, dann ist das Universum jedoch weder beschleunigt noch gebremst – es expandiert überhaupt nur scheinbar. Und die „Dunkle Energie“ wäre natürlich überflüssig.

Nehme ich hier den Mund zu voll? Es kann hier der Einwand auftauchen, dass alternative wissenschaftliche Theorien stets mit längeren Berechnungen die Übereinstimmung ihrer Ergebnisse mit den Beobachtungen beweisen müssen. Es ist jedoch auch so, dass am Anfang jeder wissenschaftlichen Umwälzung immer ein Konzept stand, das sich durchaus in einen Satz fassen lässt. Kopernikus sah, dass die Planeten die Sonne umkreisen. Newton verstand, dass himmlische und irdische Gravitation den gleichen Ursprung haben. Und Einstein verdanken wir die Einsicht, dass die Lichtgeschwindigkeit zwar nicht vom Beobachter abhängt, wohl aber von der Position der umgebenden Massen. Dies ist die zentrale Idee, in der bahnbrechendes Potenzial steckt.

Wissenschaftliche Revolutionen werden nicht beantragt

Man muss wohl zugeben, dass die Mehrzahl der Kosmologen der hier vorgestellten Argumentation widersprechen würde. Man sollte aber ebenfalls zugeben, dass sich die gleiche Mehrheit mit Einsteins Idee von 1911 noch gar nicht auseinandergesetzt hat. Auf Englisch hatte die Arbeit nie besondere Verbreitung gefunden,[9] und selbst die vereinzelten Zitate machen deutlich, dass man sich des Bezugs zur variablen Lichtgeschwindigkeit überhaupt nicht bewusst ist.

Natürlich haben schon manche Physiker etwas von der variablen Lichtgeschwindigkeit gehört. Die Meinungsbildung vollzieht sich aber meist in oberflächlicher Voreiligkeit – natürlich auch bedingt durch die Menge an Veröffentlichungen zu Detailproblemen, welche die Wissenschaft überschwemmen und den Einzelnen vermeintlich zwingen, sich auf das schnelle Urteil von Autoritäten zu verlassen.

Ein Schlaglicht auf die Belesenheit solcher Experten wirft ein Träger der Einstein-Medaille (sic!), der behauptete[10], eine variable Lichtgeschwindigkeit sei sinnlos und ein logischer Widerspruch. Historische Ignoranz (er wusste nichts von Einsteins Artikel) ist offenbar kein Hindernis für Wissenschaftspreise. Trotz solcher Kuriositäten sollte man aber das Problem allgemeiner sehen. Die Physik hat zwar objektive Grundlagen, doch werden die Überzeugungen eines Forschungsgebietes ganz wesentlich durch soziologische Prozesse geformt, die eine erhebliche Gleichförmigkeit der Ansichten – um nicht zu sagen Moden – mit sich bringen.

Es ist die paradigmatische Fremdheit der alten Einstein'schen Idee und ihr Bezug zum Machschen Prinzip, die sie heute so weit außerhalb jeglicher Forschungsaktivität liegen lassen. Zu viel des etablierten Wissens würde man gefährden, als dass der Gedanke daran erträglich wäre. Und doch haben sich in der

Wissenschaftsgeschichte solche unbequemen Ideen oft als wahr herausgestellt.

Dabei taucht die beunruhigende Frage auf: Wer studiert überhaupt noch hundert Jahre alte Artikel? Man tritt den Beteiligten nicht zu nahe, wenn man feststellt, dass Forschungskollaborationen darauf konzentriert sind, die Gegenwart wichtig zu nehmen. Es geht dabei oft um viel Geld, Prestige und die nächste, möglichst schnell platzierte Publikation. Sich mit vergangenen Theorien aufzuhalten, insbesondere wenn sie die Grundlage langjähriger Forschung infrage stellen, dafür erntet niemand Lorbeeren.

Lehren aus der Geschichte

Solch eine Auseinandersetzung mit alten Ideen wird derjenige auch inhaltlich für überflüssig halten, der Wissenschaft für ein sukzessives Freilegen der Wahrheit durch kleine Erkenntnisschritte hält. Es mangelt nicht an selbstbewussten Physikern, die in den Fortschritten der beobachtenden Kosmologie schon ein ziemlich genaues Bild der Realität sehen und Einstein oder gar Mach für überholt halten. Wohl aber mangelt es jenen Physikern an einem zutreffenden Bild, wie Wissenschaft funktioniert. Wie der Wissenschaftsphilosoph Thomas Kuhn gezeigt hat, kumulieren lange Phasen von „Normalwissenschaft", die durch Verfeinerung und Komplizierung des herrschenden Modells gekennzeichnet sind, gewöhnlich in einer Krise, in der sich das Wissen von Generationen als obsolet erweist. Es ist übrigens die Astronomie, die Kuhns Paradebeispiel liefert: Das immer komplizierter werdende geozentrische Weltbild währte nicht weniger als 1500 Jahre, ehe es in der kopernikanischen Wende durch das radikal einfache heliozentrische Weltbild abgelöst wurde.

In diesen Fällen ist eine Re-Interpretation der vorliegenden Daten unter einem ganz anderen Paradigma nötig, die weit über einzelne wissenschaftliche Arbeiten und die Vorhersage neuer

Details hinausgeht. Mancher mag sich zu dem Hinweis bemüßigt fühlen, dass das vorliegende Buch dies nicht leistet. Umgekehrt ist aber in der aktuellen Forschung der Kosmologie auch nicht erkennbar, dass diese sich ein grundlegendes Nachdenken über Einsteins Idee leistet. Eine solche Reflexion wird nicht von heute auf morgen einsetzen. Mindestens muss die Kosmologie aber ihre Resultate in einer unvoreingenommenen, transparenten und ergebnisoffenen Form darstellen, die nicht das derzeitige Modell schon vorwegnimmt.

Das einzigartige Potenzial von Einsteins Idee liegt in der Möglichkeit, die Gravitationskonstante aus den Daten des Universums zu *berechnen.* Alle wissenschaftlichen Revolutionen in der Physik machten durch Auffinden einer neuen Formel eine Naturkonstante (oder mehrere) überflüssig: Die magnetische Feldkonstante wurde durch Maxwells Elektrodynamik obsolet, ebenso eliminierte die Quantenmechanik mehrere willkürliche Konstanten. Einsteins Formel von 1911 würde die Gravitationskonstante überflüssig machen.

Diese Perspektive ist so grundlegend, dass sie mit großer Sorgfalt geprüft werden muss, selbst wenn vorübergehend manche Einzelheit einer solchen Interpretation zu widersprechen scheint. Der Zusammenhang der Gravitationskonstante mit dem Universum ist vielleicht das einzige, aber vielgestaltige Problem der Kosmologie. Die Physik sollte hier einem Rat des Philosophen Ludwig Wittgenstein folgen:

> *„Man beschäftige sich nicht mit Teilproblemen, sondern nehme dort Zuflucht, wo sich eine freie Sicht über das einzige große Problem bietet, auch wenn diese Sicht noch nicht klar ist.“*

Einstein war 1911 an der richtigen Stelle. Es ist an uns, für klare Sicht zu sorgen.

Kapitel 2

„Ich vertraue auf Intuition“[i]

Warum alle wissenschaftlichen Revolutionen ohne Rechnungen begannen

Zu den Menschen zu gehören, die ihre besten Kräfte der Betrachtung und Erforschung objektiver Dinge widmen dürfen und können, bedeutet eine besondere Gnade. – Albert Einstein

Einstein hat die Physik revolutioniert. Neben den Naturgesetzen, deren Entdeckung wir ihm verdanken, lohnt es sich aber auch, Einsteins Arbeitsweise zu betrachten, die diese Entdeckungen ermöglichte. So soll in diesem Kapitel von Einsteins Art des Denkens und seiner Methodik die Rede sein, aber es ist doch mehr als nur ein Exkurs. Die Arbeitsweise der modernen Physik ist heute so anders als damals, dass ein heutiger Student, geschweige denn mancher Experte Einsteins anschauliche Idee von 1911 nur schwerlich als fundamentale Physik wiedererkennen wird. Dennoch waren Gedanken dieser Art Grundlage aller epochalen Fortschritte der Physik, nicht jene formalen Rechnungen, die das heutige Paradigma dominieren. Obwohl die Geschichte dies klar belegt, muss man heute Mut haben, sich einfacher, klarer Gedanken zu bedienen, gerade weil sie in so offensichtlicher Diskrepanz zur heutigen Methode stehen. Das Verständnis der intuitiven Denkweise, die Einstein praktizierte,

---

[i] Der Satz ist sogar Titel einer Biographie (von Abraham Pais) geworden, die allerdings sehr wenig auf die intuitive Komponente von Einsteins Erkenntnissen eingeht.

ist Voraussetzung dafür, dass wir seine Idee von 1911 in ihrer ganzen Bedeutung überhaupt würdigen können.

Wie werden Naturgesetze entdeckt? Wir werden sehen, dass dabei am Anfang immer eine visionäre Idee stand. Welche Fähigkeiten der Entdecker waren hierbei entscheidend? Die Frage stellt sich natürlich bei Einsteins Beiträgen zur Physik. Man wird wenig Widerspruch mit der Aussage ernten, dass Einstein auf seine Weise genial war. Die Meinungen werden aber erheblich auseinandergehen bei der Frage, worin diese Genialität eigentlich bestand. Hatte Einstein einfach mehr graue Zellen als der Normalsterbliche? Oder waren diese besser vernetzt, durch Begabung oder frühe Prägung? Was genau konnte Einsteins Gehirn besser als andere?

Manchmal wird der Eindruck vermittelt, Einstein habe sich durch die Fähigkeit zu unglaublich schwierigen Rechnungen ausgezeichnet. Nüchtern betrachtet, waren seine Fähigkeiten sicherlich professionell auf hohem Niveau, im Vergleich zu anderen Forschern jedoch nicht herausragend. Einstein betonte dies übrigens bei jeder Gelegenheit. In seinem Briefwechsel mit dem französischen Mathematiker Élie Cartan zum Beispiel wimmelt es nur so von Stellen, in denen er sich für seine mathematische Schwerfälligkeit entschuldigt.

David Hilbert war im Rechnen offensichtlich versierter, wie sicherlich eine ganze Reihe von Physikern. Es wäre aber falsch zu glauben, Einstein hätte sich diesen unterlegen gefühlt. Seine bescheidenen Formulierungen täuschen leicht darüber hinweg, dass er seine Fähigkeit, Naturgesetze zu sehen, durchaus als so einzigartig einschätzte, wie sie tatsächlich war. Andernfalls hätte er nicht über Jahrzehnte hinweg seine Ideen gegen die vereinte Überzeugung aller anderen führender Physiker mit ungerührtem Selbstbewusstsein verfolgt. Er vertraute sich selbst und am allermeisten seiner Intuition.

Im Anfang war das Wort

Aber hatte er damit Recht? Verherrlicht man ihn damit nicht zu sehr? Ich meine nicht. Werfen wir dazu einen Blick auf die Geschichte der Naturwissenschaften, die zeigt, wie es zu den für unsere Zivilisation entscheidenden Durchbrüchen gekommen ist.

Obwohl die Darstellung eines Naturgesetzes in der endgültigen Form immer eine Mathematisierung benötigt, besteht die eigentliche Entdeckung doch stets in einem intuitiven Gedanken. Und allein in diesem liegt der Ursprung der wissenschaftlichen Umwälzungen, die man in der Geschichte beobachtet. Die mathematische Ausgestaltung von Newtons Gravitationsgesetz sagt, dass die Kraft in doppeltem Abstand von einer anziehenden Masse auf ein Viertel abnimmt („quadratisches Abstandsgesetz“). Aber der eigentliche Geistesblitz Newtons war der Gedanke, himmlische und irdische Gravitationswirkung könnten den gleichen Ursprung haben. Man kann einwenden, dass manch mathematisch minder Begabte dieselbe Idee gehabt haben könnte und nur Newton sie richtig formuliert hat. Aber das unterschätzt die mentale Stärke, mit der Newton seine visionäre Idee verfolgte, und die Leistung der Begriffsbildung, die sich größtenteils im intuitiven Denken abspielte. Newton musste Konzepte wie Kraft, Geschwindigkeit und Beschleunigung erst ersinnen. Nach mit dieser Vorarbeit fiel ihm das quadratische Abstandsgesetz wie ein reifer Apfel (sic!) in den Schoß.

Wie bei der himmlischen und irdischen Gravitation ist es gerade die kreative Übertragung eines Phänomens in einen anderen Kontext, die die geistige Leistung ausmacht, die den größten Entdeckungen zugrunde lag. Ein Beispiel davon ist die Revolution in der Atomphysik. Sie wurde von Niels Bohr losgetreten, indem er eine Eigenschaft des Lichts auf Materie übertrug. Bohr sah, dass das von Max Planck entdeckte Wirkungsquantum h –

mit der physikalischen Einheit eines Drehimpulses, kg m^2/s – nicht nur für Licht,[i] sondern auch für Atome eine Bedeutung hatte. Seine Überlegung war völlig mathematikfrei und intuitiv, eine bildliche Vorstellungsleistung des Gehirns. Bohr war noch weniger beschlagen im Rechnen als Einstein, was Werner Heisenberg und Wolfgang Pauli oft zu Sticheleien nutzten. Trotzdem haben Bohrs Entdeckungen die Welt verändert.

Eine weitere Errungenschaft von Bohrs Intuition ist noch weniger bekannt. Er war es, der erkannte, dass die chemischen Eigenschaften von der Anzahl der Ladungen im Atomkern abhingen. Bohr hatte damit die Leistung von Mendelejew vollendet, in gewisser Weise sogar die von Demokrit geäußerte Vision von Atomen. Heutzutage erscheint dies fast als trivial, es ist aber typisch, dass wir im Nachhinein die Genialität solcher Assoziationen gar nicht mehr zu erkennen vermögen. Sie sind so offensichtlich richtig, dass es gar keiner Rechnung mehr bedarf – eben rein intuitiv begründete Zusammenhänge. Bohrs Entdeckungen zeigen aber auch, dass man sich der vermeintlichen Einfachheit eines Gedankens nicht schämen muss.

Wahrheit auf den ersten Blick

Ich habe das Resultat, ich weiß nur noch nicht, auf welchem Wege ich es erreichen werde![11] – *Albert Einstein*

Die Liste der Beispiele ist damit aber noch nicht zu Ende. Der Beginn der Thermodynamik, eines wesentlichen Teils der gesamten Physik, liegt in der Erkenntnis des deutschen Arztes Robert Mayer (1814–1878), dass Temperatur und Bewegungsenergie von Teilchen das gleiche sind. Darauf musste man erst einmal kommen. Im Rechnen – ich nenne bewusst dieses Ext-

---

i Das hatte ebenfalls Einstein mit der berühmten Formel zur Energie der Lichtquanten $E = hf$ herausgefunden.

rembeispiel – war Mayer so schwach, dass er die Formel für die kinetische Energie, $\frac{1}{2}mv^2$, mit einem falschen Zahlenfaktor herleitete. Aber seine Leistung bleibt einzigartig.

Die Sprünge, die die Wissenschaft durch solch qualitative Betrachtungen gemacht hat, sei es durch Betrachtung von Naturkonstanten und deren Einheiten, sei es durch bildliche Assoziation oder kreative Übertragung, diese bahnbrechenden Erkenntnisse werden meist viel zu gering geschätzt, weil sie retrospektiv so simpel erscheinen.

Auch die intuitive Einsicht von Ernst Mach, die geringe Stärke der Gravitation hänge mit der Größe des Universums zusammen, gehört in diese Kategorie, ebenso wie Paul Diracs Vermutung, die Größe und Masse der Elementarteilchen bestimmten die Stärke ihrer Wechselwirkung. Von beiden, Mach und Dirac, wird noch ausführlich die Rede sein, weil sie Visionen hatten, die sich noch nicht durchgesetzt haben. Und natürlich zählt zu diesen genialen Intuitionen Einsteins Idee zur variablen Lichtgeschwindigkeit.

Die Gravitationswirkung mit Lichteigenschaften in Verbindung zu bringen, und die Vermutung, die Krümmung von Lichtstrahlen rühre von einer variablen Lichtgeschwindigkeit her, ist rein anschaulich und ohne Mathematik zu erfassen. Darin liegt aber nichts weniger als die Vereinigung der Gravitation mit der Optik.

Ebenso rein intuitiv ist der entscheidende Gedanke, der ihn erst zu diesen Überlegungen führte. Einstein spürte – besser kann man es nicht ausdrücken – dass träge Masse, die sich Beschleunigung widersetzt, und schwere Masse, die Anziehung hervorruft, das Gleiche sein mussten – wir werden dieses Äquivalenzprinzip im vierten Kapitel näher untersuchen.

Die Wissenschaftsgeschichte bietet also Evidenz dafür, dass entscheidende Erkenntnisse der Intuition entsprangen, von Einstein über Bohr zurück zu Newton und Kopernikus. Es bleibt aber die Frage, was intuitives Denken eigentlich bedeutet.

Höchste Aufgabe des Physikers ist also das Aufsuchen jener allgemeinsten elementaren Gesetze, aus denen durch reine Deduktion das Weltbild zu gewinnen ist. Zu diesen elementaren Gesetzen führt kein logischer Weg, sondern nur die auf Einfühlung in die Erfahrung sich stützende Intuition. – Albert Einstein

Eine unterschätzte Art des Denkens

Einstein konnte sich in seiner Zeit gar nicht wissenschaftlich mit Gehirnforschung auseinandersetzen. Die Psychologie als solche wurde von seinem Zeitgenossen Freud erst begründet, und es sollte noch ein halbes Jahrhundert vergehen, ehe kognitive Psychologie eine empirische Wissenschaft wurde. Heute wissen wir dazu etwas mehr als früher, und auch diese Ergebnisse rechtfertigen, mit welcher Methode Einstein an Naturgesetze heranging.

Einsteins Sommerhaus in Caputh. Dort zog er sich während seiner Berliner Zeit zum Segeln und Nachdenken zurück. [Stephan M. Höhne, GNU-Lizenz für freie Dokumentation]

Das so komplexe menschliche Gehirn besitzt ganz verschiedene Arbeitsmodi, die jeweils für erstaunliche Leistungen verantwortlich sind. Relativ bekannt geworden ist dies durch die These von der „linken“ und „rechten“ Gehirnhälfte, die erstaunliche Funktionsunterschiede aufweisen. Demnach geht die linke Gehirnhälfte mehr algorithmisch-seriell, streng logisch vor, während die rechte die Gesamtschau bevorzugt, konkret und eben intuitiv arbeitet. In jüngster Zeit ist das Thema durch Daniel Kahnemanns Bestseller *Thinking Fast and Slow* ins Bewusstsein gerückt. Kahnemann weist nach, dass das „erste“, intuitive System, oft um Größenordnungen schneller, effizienter und sicherer arbeitet als das abstrakte, langsame System, das rechnerischen Rechtfertigungen zugrunde liegt.

Betrachtet man die Evolution von *Homo sapiens*, ist eigentlich völlig klar, warum uns manche Denkweisen mehr und manche weniger liegen. Die Entwicklung eines Gehirns, das uns vor unseren tierischen Verwandten auszeichnet, fand in einer Umgebung statt, in der schnelle, auf Heuristiken basierende Entscheidungen lebensnotwendig waren. Das dreidimensionale Vorstellungsvermögen und die Fähigkeit, damit raumzeitliche Abläufe zu simulieren, sind die herausragenden Eigenschaften unseres Denkorgans. Einstein benutzte sie in seinen Gedankenexperimenten in besonderem Maße.

Wenig Evolutionsvorteil hat es dagegen gebracht, die logische Konsistenz von langen Formelketten korrekt einzuschätzen oder abstrakte Rechnungen in hoher Geschwindigkeit ausführen zu können – in grauer Vorzeit hätte uns der Säbelzahntiger dabei gefressen, und heute führt uns der Computer wie kein anderes Instrument vor Augen, wie unendlich langsam das menschliche Gehirn im „dummen“ Rechnen ist.

Homo calculans – Abdriften ins Mathematikuniversum

Könnte es aber sein, dass die größten physikalischen Erkenntnisse, die die Menschheit der Natur entlockt hat, nur durch die raffiniertesten mathematischen Rechnungen ermöglicht wurden? Ich bezweifle dies. Zwar erfordern alle physikalischen

Gesetze der letzten vierhundert Jahre Rechenoperationen, die über bloße Alltagsmathematik hinausgehen, aber keineswegs Fähigkeiten, die eine beliebige Anzahl von Forschern nicht erwerben könnte. Differenzialgleichungen und Wellenfunktionen der Quantenmechanik sind nicht wirklich schwierig (wohl aber die Begriffe), und auch die oft als undurchdringlich bezeichnete Allgemeine Relativitätstheorie kann bei didaktischer Aufbereitung von jedem Studenten erfasst werden – obwohl wir noch thematisieren werden, ob Einsteins alte Idee nicht noch eine einfachere Darstellung ermöglicht.

Aber warum ist die Methode der Physik heute so anders? Dass die Veröffentlichungen in der derzeitigen theoretischen Physik sich hauptsächlich mit mathematischen Formalismen beschäftigen, wird jedem offenbar, der heute ein Exemplar von *Physical Review* aufschlägt. Ebenso klar ist aber, wie sehr sich dieser Stil von jenem unterscheidet, der vor fünfzig oder hundert Jahren in den Physikzeitschriften zu finden war. Und erst recht ist es offensichtlich, wie wenig fundamentale Erkenntnisse die Physik in diesem Zeitraum gewonnen hat.

Oft wird vorgebracht, die leicht zu entdeckenden Naturgesetze seien eben schon bekannt, alles Weitere erschließe sich nur noch über schwierigste Mathematik. Aber nicht aus diesem Grund ist die derzeitige Physik in einer Krise, sondern weil eine Kultur der visionären begrifflichen Reflexionen, wie sie Mach, Einstein, Schrödinger, Bohr und auch Dirac gepflegt haben, verloren gegangen ist.

Die Behauptung, die „schönen früheren Zeiten“, in denen man noch durch einfache Rechnungen etwas entdecken konnte, seien leider, leider vorbei, wird insbesondere von Vertretern der Stringtheorie vorgebracht, um die offensichtliche Erfolglosigkeit ihrer exzessiven Rechnungen in den von ihnen erschaffenen Gedankengebäuden zu rechtfertigen. Mehr als die eigene Unfähigkeit, anschaulich-intuitiv zu denken, können sie aber als Argument für diese Verdrehung der Geschichte nicht anführen.

Rechnungen allein bringen nichts

Ich bin zwar im täglichen Leben ein typischer Einspänner. Aber das Bewusstsein, der unsichtbaren Gemeinschaft derjenigen anzugehören, die nach Wahrheit, Schönheit und Gerechtigkeit streben, hat das Gefühl der Vereinsamung nicht aufkommen lassen. – Albert Einstein

Dass grundlegende neue Erkenntnisse nur in neuen Welten von unzugänglichen mathematischen Theoremen zu finden seien, ist eine unter den heutigen theoretischen Physikern verbreitete Ansicht, die leider weithin nachgeplappert wird. Gestützt von Fakten ist sie nicht. Allerdings reichen die Anfänge dieser Sichtweise schon fast hundert Jahre zurück, als Felix Klein, David Hilbert und Hermann Minkowski in Göttingen darüber sinnierten, ob neue physikalische Erkenntnisse vielleicht nur mehr in der Mathematik zu finden seien.

Letzterer hatte die drei Raumdimensionen und die Zeit zu einer vierdimensionalen ‚Raumzeit‘ zusammengefasst und damit 1908 der Speziellen Relativitätstheorie eine übertrieben formale Interpretation gegeben. Minkowski erging sich in euphorischen Betrachtungen über die „reale“ Vierdimensionalität der Welt, verkennend, dass Raum und Zeit eben doch ganz verschiedene Dinge sind:

„Von Stund' an sollen Raum für sich und Zeit für sich völlig zu Schatten herabsinken und nur noch eine Art Union der beiden soll Selbständigkeit bewahren.“

Einstein bemerkte dazu übrigens spöttisch: „Seit die Mathematiker sich meiner Relativitätstheorie bemächtigt haben, verstehe ich sie selbst nicht mehr“. Minkowskis ehrgeizige Interpretation war in der Folge geradezu verheerend, weil sie ein tieferes Durchdringen der Begriffe von Raum und Zeit behinderte.

So unterschiedliche Phänomene wie Raum und Zeit in einen Topf zu werfen, ist eine begriffliche Absurdität, die jedem echten Verständnis Hohn spricht. Aber genau jene formale Mode der theoretischen Physik, die damals begründet wurde, hatte zur Konsequenz, dass die Lichtgeschwindigkeit *c* fälschlich als bloßer „Umrechnungsfaktor" von Raum in Zeit angesehen wird. Es ist eigentlich klar, dass nichts Vernünftiges herauskommen kann, wenn man Naturkonstanten so ihrer Bedeutung entkernt. Aber der formal-mathematische Zugang hat sich seitdem gegen den intuitiven durchgesetzt.

Das damals eingeschlagene Paradigma setzte sich in der Nachkriegsphysik fort, wobei die grundlegenden Annahmen zur Natur immer bizarrer und die Abkopplung der Theorien von der Realität immer offensichtlicher wurde. In meinen Büchern *Vom Urknall zum Durchknall* und *Auf dem Holzweg durchs Universum* habe ich bereits ausführlich beschrieben, wie sich die Methode, Naturgesetze mittels exzessiver Rechnungen zu finden, verselbständigt hat. Letztlich ist dies ein Thema, dessen sich zu gegebener Zeit die Soziologie annehmen muss; dass moderne Auswüchse wie „Stringtheorie", „kosmische Inflation" und „Multiversen" nichts mehr mit Realitätsbeschreibung zu tun haben, wird jeder Leser aber ohnehin spüren, wenn er Ideen wie jene von Einstein 1911 kennenlernt.

> *Ich habe keine besondere Begabung, sondern bin nur leidenschaftlich neugierig. – Albert Einstein*

Einstein war nicht ganz schuldlos

Meine Argumentation, Einsteins Zugang zur Physik als intuitiv zu bezeichnen, bringt mich in eine kleine Zwickmühle, die ich hier nicht verschweigen will: Einstein selbst hat sich in den Jahren nach 1919 bei seiner Suche nach einer „einheitlichen Feldtheorie" mit rein mathematischen Strukturen beschäftigt. Viele haben ihn dafür auch kritisiert.

Dazu ist dreierlei zu bemerken. Erstens hat Einstein stets versucht, am Ende seine Rechnungen auf den Boden der Realität zurückzuführen – man lese zum Beispiel den letzten Abschnitt seines Artikels[12] von 1930, wo er ausdrücklich die Berechnung des Massenverhältnisses von Proton und Elektron als nächstes Etappenziel anspricht, ein bis heute ungelöstes Rätsel.

Zweitens hat Einstein sich selbst in der Beschäftigung mit schwieriger Differenzialgeometrie von einer intuitiven Denkweise leiten lassen und damit erstaunliche Zusammenhänge freigelegt. Nichts legt davon ein beredteres Zeugnis ab als der Briefwechsel[13] zwischen Einstein und dem französischen Mathematiker Élie Cartan, bei dem Einstein mit seinen Gedanken stets der kreative Part war.

Drittens schließlich war Einstein – und wahrscheinlich viele seiner Nacheiferer – verführt von der Eleganz, die Gesetzmäßigkeiten auf diesem Abstraktionsniveau notwendigerweise enthalten. Einstein rang mit den mathematischen Schwierigkeiten, und ohne seinen Freund Marcel Grossmann hätte er es in der Differenzialgeometrie kaum so weit gebracht. Aber die einheitliche Feldtheorie war der falsche Weg. Es fällt mir schwer, dies zu schreiben, weil mich gerade der Einstein-Cartan-Ansatz lange fasziniert hat. Dennoch hat dieses Suchen in formalen geometrischen Konstruktionen nicht nur zu wenig geführt – die meisten würden hier übereinstimmen –, sondern auch direktere, mehr physikalische Gedanken Einsteins an der Entwicklung gehindert.

„Der Herr schuf den Esel und gab ihm ein dickes Fell“

Autoritätsdusel ist der größte Feind der Wahrheit. – Albert Einstein

Vielleicht war es ja sogar der Kontakt mit ihm mathematisch überlegenen Forscherkollegen, der Einstein vom Pfad der intuitiven physikalischen Erkenntnis abgebracht hat. Intuition ist eine sehr individuelle Erfahrung, oft schwer in Worte zu fassen und nicht mit der gleichen Überzeugungskraft in eine formale Argumentation zu übersetzen. Es ist sicher kein Zufall, dass die bereits erwähnten revolutionären Ideen der Physik stets individuellen „Geistesblitzen“ entsprangen.

Intuition hängt sehr mit eigenständigem Denken zusammen. Einsteins intuitive Einsichten verbanden sich mit einer mentalen Stärke, an seinen Ideen auch gegen die Überzeugungen der Umgebung festzuhalten, wie bei der Speziellen Relativitätstheorie oder bei der Lichtquantenhypothese, mit der er sich unbekümmert gegen die Autorität Max Plancks stellte. Dieser Eigensinn Einsteins war sicher ein ganz wesentliches Merkmal seines Erfolgs. Auch in seinen letzten drei Lebensjahrzehnten stellte er sich praktisch allein gegen die vorherrschende Interpretation der Quantenmechanik. Sein Argument „Gott würfelt nicht“ wurde kritisiert, aber sicher hatte er Recht in der allgemeinen Hinsicht, dass auch eine erfolgreiche beschreibende Theorie die Fragen nach den Ursachen nicht ausklammern darf.

Dieses gesunde Selbstbewusstsein Einsteins, das trotzdem in höfliche Worte gekleidet wurde, zeigte sich schon im Physikstudium,[i] wenn nicht früher. Ein Professor riet ihm einst vom Physikstudium ab, weil er befürchtete, es würde Einsteins Fähigkeiten überfordern. Es gebe doch auch andere Fakultäten. Einsteins Antwort: „Herr Professor, in den anderen Fächern bin ich noch unbegabter“. Er hatte früh gelernt, sich von der Wertschätzung von Autoritäten unabhängig zu machen. Bezeichnend ist auch die scheinbar selbstkritische, aber höchst ironische Beschreibung eines „guten Studenten“:

---

[i] Dieses Muster setzte sich fort: Für eine Assistentenstelle am Züricher Polytechnikum, für welche Einstein später Interesse zeigt, kommt er nicht in Frage, da seine Professoren ihn für zu eigenständig und unkonventionell halten.

> *Um ein guter Student zu sein, muss man eine Leichtigkeit der Auffassung haben; Willigkeit, seine Kräfte auf all das zu konzentrieren, was einem vorgetragen wird; Ordnungsliebe, um das in den Vorlesungen Dargebotene schriftlich aufzuzeichnen und dann gewissenhaft auszuarbeiten. All diese Eigenschaften fehlten mir gründlich, was ich mit Bedauern feststellte. So lernte ich allmählich, mit einem einigermaßen schlechten Gewissen in Frieden zu leben und mir das Studium so einzurichten, wie es meinem intellektuellen Magen und meinen Interessen entsprach. Einigen Vorlesungen folgte ich mit gespanntem Interesse, sonst aber schwänzte ich viel und studierte zu Haus die Meister der theoretischen Physik mit heiligem Eifer. Dies war an sich gut und diente auch dazu, das schlechte Gewissen so wirksam abzuschwächen, daß das seelische Gleichgewicht nicht irgendwie empfindlich gestört wurde.“*

Auch hier schon unterschied sich Einstein von der Masse – er pflegte früh sein eigenständiges, intuitives Denken. Schon als 17-Jähriger hatte er sich vorgestellt, auf einer Lichtwelle zu reiten, und damit die Gedankenwelt bereitet, die ihn zur Speziellen Relativitätstheorie führen sollte.

In diesem Kapitel war also weniger von der konkreten Idee Einsteins zur variablen Lichtgeschwindigkeit 1911 die Rede, sondern auch von seiner Arbeitsweise im Allgemeinen. Dies geschah nicht primär aus biographischem Interesse, sondern dient dazu, seine damalige Theorie richtig einordnen zu können. Die größten Leistungen sind nicht trennbar von der Art und Weise, wie sie zustande kamen, und daher hilft uns die Betrachtung von Einsteins Gesamtpersönlichkeit, den Wert seiner Entdeckungen gerade im Kontext moderner Wissenschaft einzuordnen, die sich so sehr von der früherer Zeiten unterscheidet. Einsteins ausgeprägter Individualismus, der bis zur Sturheit gehen konnte, war Teil einer Arbeitsmethode, die Erkenntnisse intuitiv gewann. Aber nicht nur die durch Einstein angestoßenen Revolutionen der Physik beruhten auf intuitiven Gedanken, sondern praktisch alle Umwälzungen, die die Wissenschaftsgeschichte kennt.

> *Wenige sind imstande, von den Vorurteilen der Umgebung abweichende Meinungen gelassen auszusprechen; die Meisten sind sogar unfähig, überhaupt zu solchen Meinungen zu gelangen. – Albert Einstein*

Kapitel 3

„Willkürliche Zahlen … dürfte es nicht geben.“

Einstein über die Einfachheit in der Natur

Dieses Buch versucht in erster Linie, Ihnen Einsteins Idee zur variablen Lichtgeschwindigkeit nahe zu bringen. Sein genialer Ansatz von damals berührt ganz grundlegende Fragen der Physik, welche die Relativitätstheorie an Bedeutung übertreffen. Um dies zu erfassen, müssen wir jedoch eine weitere methodische Betrachtung voranstellen und die Rolle von Naturkonstanten in der Physik näher betrachten. Diese Mitteilungen der Natur, die sich zunächst als Messwerte offenbaren, waren in der Physikgeschichte stets der Königsweg zu einem tieferen Verständnis.

Steht am Anfang einer wissenschaftlichen Revolution stets ein konzeptioneller Gedanke, so folgt darauf regelmäßig die Neuentdeckung oder Erklärung jener geheimnisvollen Zahlen, die im ganzen Universum die Naturgesetze zu bestimmen scheinen. Woher die Naturkonstanten ihren Ursprung haben, ist eine in die Naturphilosophie hineinreichende Frage. Nur wenn man sich damit auseinandersetzt, kann man den Wert von Einsteins Idee zur variablen Lichtgeschwindigkeit überhaupt ermessen. Einstein hat sich mit diesen allgemeinen Fragen zu Naturkonstanten ebenfalls befasst, aber es überrascht auch hier wieder, dass die Gedanken des bedeutendsten Wissenschaftlers der Moderne weitgehend unbekannt geblieben sind.

Zugegebenermaßen liegt dies auch daran, dass es Einstein versäumt hat, sich zu diesen Problemen „offiziell“ in einer Publikation oder in Buchform zu äußern. Umso glücklicher muss man den Zufall schätzen, der Einstein um 1920 eine Physikstudentin namens Ilse Rosenthal über den Weg laufen ließ. Ihrer Korrespondenz mit Einstein verdanken wir die Einsicht in tiefe Überzeugungen Einsteins, die sonst der Welt für immer verloren gegangen wären.

Die Philosophin

Ilse Rosenthal-Schneider,[i] die 1920 als eine der ersten Frauen in Berlin einen Doktor der Philosophie erlangte, hatte Einstein wohl 1919 kennengelernt. Sie war es, die auf die Frage, was denn geschehen wäre, hätten die Beobachtungen der Allgemeinen Relativitätstheorie widersprochen, die berühmte Antwort erhielt: „Dann hätte es mir um den lieben Gott leid getan. Die Theorie stimmt.“ Es ist gut möglich, dass hinter diesen Worten ein Schelm steckte, der mit der zwölf Jahre jüngeren, damals 28-jährigen Doktorandin ein wenig schäkern wollte. Im Anschluss an Einsteins Vorlesungen führten die beiden in der Straßenbahn oft lange Gespräche. Es ist aber auch klar, dass Rosenthal-Schneider nicht zu Einsteins Affären der Berliner Zeit zu rechnen ist, die einige Biographen genau recherchiert haben.

Vielmehr stammen die hier interessierenden Erkenntnisse aus einer Korrespondenz, die Einstein nach Kriegsende – Ilse Rosenthal-Schneider war 1938 vor den Nazis nach Australien geflohen – in großer inhaltlicher Wertschätzung mit ihr geführt hat. Ebenso ausführlich gingen Max von Laue und Max Planck auf ihre offenbar tiefsinnigen Fragen zu den Grundlagen der Physik ein. Überhaupt scheint es so, dass diese bescheidene Frau ihre durchaus signifikanten Gedanken in Fragen an die großen Namen gekleidet hat und ihren eigenen Beitrag zu diesen Diskussionen hintanstellte. Dies ging sogar soweit, dass sie

---

[i] Wahrscheinlich hat sie den Doppelnamen erst später angenommen.

ihre eigenen Briefe nur in indirekter Rede zusammenfasste, sodass sich manch kluger Gedanke nur aus der Antwort erschließen lässt – wir werden später noch darauf zurückkommen.[14]

Wenn man Einsteins Idee von 1911 würdigen will, muss man sich auch die Frage nach der Existenz fundamentaler Naturkonstanten stellen. Warum sind sie überhaupt nötig? Könnte man sich eine Physik ohne Naturkonstanten vorstellen, und wenn nein, warum nicht? Leider hatte Einstein selbst sich damals noch nicht im Allgemeinen zum Thema Naturkonstanten geäußert, und dies war sicher auch ein Grund dafür, dass er zu jener Zeit den Wert seiner eigenen Idee noch nicht ganz erkannt hatte.

Dennoch passt die Bedeutung der variablen Lichtgeschwindigkeit, die hier freigelegt werden soll, genau zu Einsteins Überzeugungen, auch wenn wir davon verspätet, indirekt und durch Zufall erfahren haben. Es ist das Verdienst von Rosenthal-Schneider, Einstein 1945 in einem Briefwechsel zu einer Stellungnahme zum Thema Naturkonstanten bewegt zu haben.[i] Dabei ging es zunächst um dimensionslose Naturkonstanten, also reine Zahlen, die sich als Kombination von Messwerten ergeben. Nach anfänglichen Missverständnissen schrieb Einstein ihr am 13. Oktober Folgendes:

> *„Ich kann mir keine einheitliche und vernünftige Theorie vorstellen, die explizit eine Zahl enthält, welche die Laune des Schöpfers ebenso gut anders hätte wählen können.“*[ii]

Am 24. März 1950 bekräftigte er noch einmal in etwas anderem Kontext:

---

[i] Rosenthal-Schneider bemerkt dazu: „Im Gegensatz zu seiner … Nichtreaktion, wenn er über seine Gesundheit oder andere Themen befragt wurde, antwortete Einstein sofort; dies tat er nur, wenn es um wissenschaftliche Fragestellungen ging.“

[ii] Obwohl Einstein Atheist war, benutze er die Idee von Gott oft in seiner Argumentation, wenn er von etwas intuitiv überzeugt war.

> *„Dimensionslose Konstanten in den Naturgesetzen, die vom rein logischen Standpunkt aus ebenso gut andere Werte haben können, dürfte es nicht geben. Mir erscheint dies einleuchtend mit meinem ‚Gottvertrauen', aber es dürfte wenige geben, die dieselbe Meinung haben."*

Einstein bezeichnete dies später als „nicht kategorische Behauptungen, sondern lediglich auf Intuition beruhende Vermutungen." Natürlich bedeutet dies nicht, dass er davon nicht vollkommen überzeugt gewesen wäre.

Wir können Einsteins Aussage auch so formulieren: Warum sollte die Natur einer nicht berechenbaren, willkürlichen Zahl eine besondere Bedeutung zuordnen? Offensichtlich wäre dies irrationales Denken, das Einstein zuwider war. Ein Naturwissenschaftler kann sich nicht damit zufriedengeben, nicht weiter begründete Zahlen von der Natur „serviert" zu bekommen. Er will sie verstehen, letztlich berechnen. Ein Akzeptieren von unerklärten Zahlen als „Naturkonstanten" wäre eine Regression in vorwissenschaftliches Denken, im Grunde nicht weit entfernt von Naturvölkern, die unerklärte Phänomene den Launen der Götter zuordneten.

Physik heißt Nachdenken über Naturkonstanten

Mit Einsteins Aussage sollte sich daher eigentlich jeder Wissenschaftler problemlos identifizieren, bemerkenswert jedoch ist, zu welcher Zeit er sie formulierte, denn 1950 waren erst relativ wenige dieser Zahlen bekannt. Einstein mag wohl die sogenannte Feinstrukturkonstante im Kopf gehabt haben, deren Kehrwert damals auf etwa 137 bestimmt werden konnte und die inzwischen mit $1/\alpha = 137{,}03599976$ auf viele Nachkommastellen bekannt ist. Bis heute ist der Ursprung dieses Zahlenwerts unbekannt.

Die Feinstrukturkonstante ist nur eines von mehreren Beispielen, aber sie zeigt besonders deutlich, dass alle großen Physiker die Notwendigkeit gesehen haben, solche Zahlenwerte zu hinterfragen. Paul Dirac, dessen Gedanken dazu noch ein großes Thema sein werden, verachtete geradezu alle Versuche, das Rätsel unter den Tisch zu kehren. Oft fragte er junge Theoretiker, die ihn mit neuen Ideen aufsuchten, nach dem Ursprung dieser Zahl, und schickte sie dann brüsk nach Hause, wenn sie sich damit noch nicht beschäftigt hatten.

Und auch Richard Feynman, Nobelpreisträger von 1965 und unangefochtene Ikone der Nachkriegsphysik, schrieb noch 1985 in seinem Buch *QED. The Strange Theory of Light and Matter*: „Alle guten theoretischen Physiker schreiben sich diese Zahl an die Wand und grübeln darüber nach.“ Einstein stand also keineswegs allein mit seiner Ansicht; aber er war der Erste, der sie so allgemein ausdrückte.

Man könnte diese „Arbeitsphilosophie“ auch so formulieren: Es ist die Aufgabe des Physikers, zu erklären, nicht nur zu beschreiben. Niemand mit wachem Verstand wird sich endgültig mit der Vorstellung zufrieden geben, die Natur habe uns mit Zahlen der Art 137,035999... beglücken wollen, die prinzipiell nicht zu berechnen sind. Elementare Logik legt den Verdacht nahe, dass wir eben etwas noch nicht kapiert haben – und es wäre wohl auch unangebrachte Hybris, diese Möglichkeit auszuschließen.

Ich lege diese Argumente deshalb mit einer gewissen Ausführlichkeit dar, weil die gegenwärtige Physik von diesen Prinzipien der Denkökonomie leider ziemlich Abschied genommen hat. Akzeptiert doch die heutige Kosmologie und Teilchenphysik inzwischen Dutzende (!) von unerklärten Zahlen in ihren sogenannten „Standardmodellen“. Da ich diese Entwicklungen bereits ausführlich beschrieben habe,[15] wenden wir uns hier wieder der vernunftbegabten Physik Einsteins zu.

Es liegt im Wesen des Erkenntnisstrebens, das ... die Einfachheit und Sparsamkeit der Grundhypothesen anstrebt. – Albert Einstein

Noch mehr Zahlen, noch mehr Rätsel

Bei $\alpha = 1/137{,}035999 = \frac{e^2}{2hc\varepsilon_0}$ handelt es sich um eine Naturkonstante, die aus einer Kombination von anderen Naturkonstanten gewonnen wurde, der Lichtgeschwindigkeit $c = 299792458$ m/s, dem Planck'schen Wirkungsquantum $h = 6{,}626 \cdot 10^{-34}$ VAs^2, der Elementarladung $e = 1{,}602 \cdot 10^{-19}$ As und der Dielektrizitätskonstante $\varepsilon_0 = 8{,}85 \cdot 10^{-12}$ As/Vm. Die Besonderheit liegt darin, dass sich in der obigen Kombination alle Einheiten wie Meter, Sekunde, Ampere und Volt derart herauskürzen,[i] dass nur eine reine Zahl verbleibt, die man „dimensionslos" nennt.[ii] Es ist daher offensichtlich, dass der Wert 1/137 nicht von unseren Definitionen von Meter, Ampere usw. abhängen kann, die wir letztlich willkürlich festgelegt haben. Wir können davon ausgehen, dass andere intelligente Zivilisationen, wenn es sie im Universum gibt, ebenfalls diese Zahl messen (obwohl sie sie kaum im Dezimalsystem schreiben werden). Einstein bezog sich in seiner Argumentation konkret auf solche dimensionslose Zahlen, aber seine zugrunde liegende Überzeugung war, keine unerklärten, scheinbar willkürlichen Festlegungen der Natur hinzunehmen.

Daher ist die Situation nicht prinzipiell anders, wenn man „dimensionsbehaftete" Naturkonstanten wie zum Beispiel *c, h, G* oder die Elementarladung *e* betrachtet. Andere Zivilisationen würden wohl nicht die gleichen Definitionen für die elektrische Ladung verwenden, aber wären sicher auch darüber gestolpert,

---

i Mit dem Zusammenhang VAs = Nm und N = kg m/s^2.

ii Eigentlich sollte man besser „einheitenlos" sagen, aber der Begriff hat sich eingebürgert.

dass diese nur in kleinen Portionen auftritt.[i] Das gleiche gilt für das Wirkungsquantum h. Auch hier hätte man festgestellt, dass Licht Energie nur in Portionen $E = hf$ abgibt. Warum ist dies so, und warum ist $h = 6{,}626 \cdot 10^{-34}$ so klein? Diese Fragen stellte sich Einstein.

Eine fundamentale Naturkonstante, die in unseren Überlegungen eine zentrale Rolle spielen wird, ist die Gravitationskonstante $G = 6{,}674 \cdot 10^{-11}\ \frac{m^3}{s^2\,kg}$. Auch sie reflektiert natürlich eine besondere Eigenschaft der Natur – die Stärke der Gravitation. Gemessen wurde sie erstmals 1798, fast ein Jahrhundert, nachdem ihre Bedeutung durch Newton freigelegt worden war.[ii]

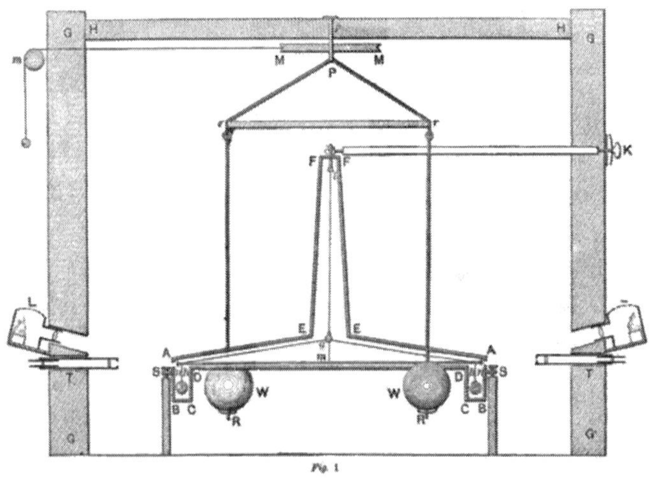

Torsionsdrehwaage, mit deren Hilfe Henry Cavendish (nach einer Idee von John Michell) zum ersten Mal den Wert von G bestimmte.

---

i Es spielt dabei keine Rolle, dass die Lichtgeschwindigkeit c inzwischen als 299792458 m/s *definiert* ist. Und natürlich widerspricht diese Festlegung auch nicht Einsteins Idee der variablen Lichtgeschwindigkeit, da sich gleichzeitig Meter und Sekunde entsprechend mitverändern.

ii Es ist merkwürdig, wie sehr die besten Messungen von G immer noch voneinander abweichen (vgl. Physik Journal 11/2015, S. 37ff).

Einheiten – der Schlüssel zum Verständnis

Eine theoretische Konstruktion hat kaum Aussicht auf Wahrheit, wenn sie nicht logisch sehr einfach ist.[16] *– Albert Einstein*

Man kann also zwischen „dimensionslosen“ Naturkonstanten, d. h. Zahlen wie 137,…, und „dimensionsbehafteten“ (d.h. mit Einheiten versehenen) Naturkonstanten wie *c, h* und *G* unterscheiden, aber dies bedeutet nicht, dass letztere nicht auch eine grundlegende Bedeutung haben. Die Einheiten Meter und Sekunde sind zum Beispiel nötig, ganz einfach weil sich die Lichtgeschwindigkeit, wie jede Geschwindigkeit, in diesen physikalischen Einheiten ausdrückt. Natürlich haben die Definitionen von Meter und Sekunde ihren historischen Ursprung in den Daten der Erde, und daher würde jede andere Zivilisation im Universum sie mit einem anderen Zahlenwert ausdrücken. Das ändert aber nichts daran, dass die Existenz einer Naturkonstante als solche uns etwas zu sagen hat. Die Tatsache, dass eine Grenzgeschwindigkeit (nach Einsteins Relativitätstheorie gilt sie für alle Massen) im Universum existiert, ist für sich schon ein bemerkenswertes Phänomen.

Warum gibt es in der gegenwärtigen Physik kaum Diskussion über solche Fragen? Was soll das eigentlich bedeuten, Naturkonstanten, die uns mit einem festgelegten Zahlen- und Einheitenwert ohne weitere Begründung gegenübertreten? Ist die Natur ein Diktator, dessen Launen wir hinzunehmen haben? Oder muss sich der Mensch unbescheiden schelten lassen, wenn er Naturkonstanten hinterfragt?

Im Gegenteil. Die Wissenschaftsgeschichte legt nahe, dass wir den Ursprung mancher Naturkonstanten einfach noch nicht verstanden haben. Über diese elementaren Dinge fehlt heute eine ernsthafte Reflexion. Und je mehr Zeit vergeht, je größer die Forschungskollaborationen werden, je mehr Geld in die kleinteilige Untersuchung des derzeitigen Paradigmas fließt, desto geringer ist die Wahrscheinlichkeit, dass eine solche Reflexion einsetzt.

Blutleere Physik und moderne Krankheiten

Die derzeitige theoretische Physik klammert das Problem wortwörtlich aus. Schon in den ersten Semestern lernen Studenten ohne Einheiten zu rechnen, indem Naturkonstanten wie die Lichtgeschwindigkeit c, die Planck'sche Konstante h sowie die dielektrische Konstante ε_0 gleich 1 gesetzt werden. Das mag irgendwelche algebraische Umformungen erleichtern, Sensibilität für Zusammenhänge und Verständnis für Naturgesetze wird dabei nicht geweckt.

Schlimmer noch, weite Teile der Gemeinschaft der theoretischen Physiker halten Einheiten für irrelevant, was einer Brille entspricht, die fundamentale Fragen ausblendet. Sicher ist, dass Einstein, Dirac und andere dies für unsinnig gehalten hätten. Man kann sich lediglich fragen, ob die Ursache der derzeitigen Krise die abgehobenen Modelle der theoretischen Physik sind und man daher die Einheiten vernachlässigt, oder ob umgekehrt die Nichtbeachtung solch wichtiger Fragen mit zur Krise der theoretischen Physik geführt hat.

Naturkonstanten sind eng mit der Existenz von physikalischen Einheiten verbunden. In den folgenden Kapiteln zu den grundlegenden Eigenschaften von Raum, Zeit und Materie werden wir besonders die Einheiten Meter, Sekunde und Kilogramm betrachten. Sie stehen in direktem Zusammenhang mit den Naturkonstanten h, c und G.

Wie schon Max Planck entdeckt hatte, ergibt sich die Einheit Meter aus $\sqrt{\frac{Gh}{c^3}}$, die Sekunde aus $\sqrt{\frac{Gh}{c^5}}$ und das Kilogramm aus

$\sqrt{\frac{hc}{G}}$, allerdings mit irritierend kleinen Zahlenwerten wie der „Plancklänge“ 10^{-35} m. Dass diese winzigen Werte als solche keine besondere Bedeutung haben, sondern durch Unverständnis erzeugte Artefakte sind, wird i

n Kapitel 9 bei der Betrachtung der von Paul Dirac gefundenen Koinzidenzen klar werden. Wichtig ist jedoch, dass drei Begriffe Länge, Zeit und Masse mit drei Naturkonstanten im Zusammenhang stehen.

Vertreter der „modernen“ theoretischen Physik wie Stringtheorie oder kosmische Inflation versuchen übrigens (in Unkenntnis von Diracs Arbeiten), dieser sogenannten Planck-Skala trotz ihrer Winzigkeit eine Bedeutung anzudichten. Weil diese Werte wie 10^{-35} m oder 10^{-43} s sämtlich jenseits aller experimentellen Machbarkeit sind, eignen sie sich besonders als Spielwiese für theoretische Fantasien. Trifft jedoch Einsteins Idee von 1911 zu, so wird klar, dass es sich um ein Missverständnis handelt, das Generationen von Theoretikern an der Nase herumgeführt hat.

Umgekehrt wird die Tatsache, dass ein Meter stets als ein Vielfaches der „Plancklänge“ angegeben werden kann, als Argument verwendet, physikalische Einheiten seien irrelevant. Das ist Unsinn. Denn dimensionsbehaftete Konstanten wie die Lichtgeschwindigkeit c, das Planck'sche Wirkungsquantum h oder die Gravitationskonstante G sind eben nicht „sinnlos“ oder „bedeutungslos“ – ich wiederhole das deshalb, weil in der theoretischen Physik eine alberne Mode entstanden ist, die dies behauptet. Gäbe man den Advokaten dieser Mode recht, wären nicht nur Einsteins Versuche, von denen hier die Rede ist, sinnlos, sondern unsere Zivilisation würde heute anders aussehen.

Denn die elektromagnetischen Wellen – Grundlage von Elektrotechnik und drahtloser Kommunikation – wären durch Heinrich

Hertz 1888 wohl kaum entdeckt worden, hätte nicht Wilhelm Weber[i] nicht den sensationellen Zusammenhang $1/c^2 = \varepsilon_0\mu_0$ zwischen der Lichtgeschwindigkeit und den elektromagnetischen Konstanten vermutet.[ii] Ihm war aufgefallen, dass die Einheit der Lichtgeschwindigkeit, Meter pro Sekunde, in dem Produkt $\varepsilon_0\mu_0$ enthalten war, einer im Labor messbaren Größe. Ein außerirdischer Wilhelm Weber einer anderen Zivilisation hätte wohl mit anderen Symbolen gearbeitet – aber wenn wir je mit dieser über elektromagnetische Signale in Kontakt treten, dann hat es dort jemand gegeben, der über Naturkonstanten und deren physikalische Einheiten nachgedacht hat. Physiker, die allen Ernstes behaupten, Naturkonstanten mit Einheiten seien bedeutungslos, sprechen damit ihr eigenes Urteil.

> *Die Majorität der Dummen ist unüberwindbar und für alle Zeiten gesichert. Der Schrecken ihrer Tyrannei ist indessen gemildert durch Mangel an Konsequenz. – Albert Einstein*

Die wichtigsten Mitteilungen der Natur

Das Beispiel mit $1/c^2 = \varepsilon_0\mu_0$ wurde mit Bedacht gewählt, weil ein ähnlich sensationeller Zusammenhang zwischen Naturkonstanten die Gravitationskonstante *G* betreffen könnte – und Einstein hätte ihn 1911 wohl entdeckt, hätte er mit der Kenntnis der wahren Größe des Universums die Gelegenheit dazu gehabt (so wie Wilhelm Weber bereits eine Kenntnis der Größenordnung der beteiligten Konstanten hatte). *G* wäre damit überflüssig geworden!

---

i Ein Physiker aus Wittenberg, der eng mit Carl Friedrich Gauß befreundet war. Nach ihm ist die Einheit des magnetischen Flusses (Vs) benannt.

ii Historisch waren die Bezeichnungen anders; wir wählen diese leicht nachvollziehbare Darstellung aus didaktischen Gründen.

Dies führt uns noch zu einem Kernpunkt von Einsteins Arbeitsphilosophie, die ebenfalls in dem Briefwechsel mit Ilse Rosenthal-Schneider zum Vorschein kommt: Glaubwürdige Naturgesetze müssen einfach sein. Vereinfachung wiederum bedeutet, die Anzahl der unverstandenen Naturkonstanten zu reduzieren.

Würde es gelingen, die Feinstrukturkonstante zu berechnen oder einen vergleichbaren rechnerischen Zusammenhang zwischen Naturkonstanten zu finden, die Physik würde sich jeweils drastisch vereinfachen. In solchen Zusammenhängen liegt die Erkenntnis: Die Anzahl der willkürlichen Parameter verringert sich, und unser Weltbild wird einfacher. Je weniger unerklärte Zahlen die Natur uns vermeintlich mitteilt, desto mehr haben wir verstanden.

Wichtige Konstanten der Physik

Name		**Zahlenwert**	**Einheit**	**macht obsolet**
Lichtgeschwindigkeit	c	299792458	m/s	
Planck'sches Wirkungsquantum	h	$6{,}626 \cdot 10^{-34}$	kg m^2 /s	
Gravitations-K.	G	$6{,}673 \cdot 10^{-11}$	m^3/s^2 kg	Epizykel
Elementarladung	e	$1{,}602 \cdot 10^{-19}$	As	$\alpha = \frac{e^2}{2hc\varepsilon_0}$
Dielektrizitäts-K.	ε_0	$8{,}8542 \cdot 10^{-12}$	As/Vm	$1/c^2 = \varepsilon_0 \mu_0$
Permeabilität	μ_0	$4\pi \cdot 10^{-7}$	Vs/Am	Def. Strom
Feinstruktur-K.	A	1/137,03599	–	
Boltzmann-K.	K	$1{,}38 \cdot 10^{23}$	Nm/kg K	$kT = ½ mv^2$
Rydberg-Konstante	R	$1{,}097 \cdot 10^{7}$	1/m	$R = \frac{m_e e^4}{8\varepsilon_0^2 h^3 c}$

Übersicht über Naturkonstanten (nicht vollständig) und ihre Zusammenhänge. Wird eine Verbindung zwischen Naturkonstanten entdeckt, macht dies eine Konstante obsolet. Dies hatte regelmäßig revolutionäre Konsequenzen.

Evidenz aus der Geschichte

Der visionäre Zusammenhang, der sich in der Formel $1/c^2 = \varepsilon_0\mu_0$ ausdrückt, ist nur eines der offensichtlichsten Beispiele: Aus drei unabhängigen Naturkonstanten wurden durch die gefundene Gleichung nur zwei – darin lag der revolutionäre Fortschritt. Einfachheit zu postulieren, wie Einstein es tat, ist also nicht eine Ideologie. Vielmehr präsentiert die Geschichte, die in diesem Sinne selbst beobachtende Wissenschaft ist, Evidenz dafür, dass einfache Theorien richtig sind. Die Vermutung von Weber und Maxwell bestand aus einer Formel, aber die dahinterstehende revolutionäre Idee war, dass es sich bei Licht um eine elektromagnetische Welle handelte. Schließlich wurde diese Vision bestätigt, die Vereinigung von Optik und Elektromagnetismus.

Auf gleicher Stufe liegt das Potenzial von Einsteins Idee: Eine Formel, die die Gravitationskonstante mit der Lichtgeschwindigkeit verbindet, würde die Optik auch mit der Gravitation vereinigen.

Denkt man diesen Gedanken zu Ende, darf es überhaupt keine unerklärten Konstanten mehr geben – auch diese letzte Konsequenz hatte Einstein in seinem Briefwechsel schon angedeutet. Im Grunde müsste Einsteins Arbeitshypothese der Einfachheit, wenn wir sie so nennen wollen, für jeden von zeitgenössischer „Physik“ unverbildeten Forscher fast eine Denknotwendigkeit sein, sonnenklar für jeden, der über Formeln und Daten hinaus naturphilosophische Reflexionen angestellt hat. Denn die Wissenschaftsgeschichte beweist anhand zahlreicher Beispiele, dass wirkliche Durchbrüche immer mit einer Vereinfachung einhergingen.

Im vorigen Kapitel wurde klar, dass wissenschaftliche Revolutionen meist von einem intuitiven, vereinheitlichenden Gedanken ausgelöst wurden. Existiert so ein überraschender Zusammenhang, wird er in einem zweiten Schritt fast immer mit einer Formel ausgedrückt, die die fundamentale Rolle einer Naturkonstante ausdrückt: Entweder wurde eine bestehende Konstante erklärt oder eine neue entdeckt.

Robert Mayers Entdeckung des Zusammenhangs zwischen Temperatur mit Teilchenbewegung führte zu der Vereinigung von Mechanik und Thermodynamik, die dann von James Prescott Joule vollendet wurde. Der konzeptionellen Idee folgte eine Formel, die die Bewegungsenergie mit der Temperatur T verbindet, $\frac{1}{2} mv^2 = kT$. Diese Formel repräsentiert gleichzeitig die „Entdeckung" der Naturkonstante k (Boltzmann-Konstante; es tut nichts zur Sache, dass ihr Zahlenwert $1{,}38 \cdot 10^{23}$ Nm/kg K erst später bestimmt wurde). In k steckt der quantitative Zusammenhang, der die erste Idee von Mayer so eindrucksvoll bestätigt.

Handelt es sich bei k um eine wichtige Naturkonstante oder um eine triviale Definition? Über diese Frage gibt es manch hitzige Diskussion unter Physikern – was beweist, dass man sich mit Wissenschaftstheorie und Wissenschaftsgeschichte nicht genügend auseinandergesetzt hat, denn: Es kommt darauf an. Sobald ein Naturgesetz vollkommen klar und außer Zweifel ist, nehmen wir es als solches nicht mehr wahr. Man *könnte* daher aus heutiger Perspektive argumentieren, k sei keine „wirkliche" Naturkonstante, sondern nur eine Definition der Temperatur, eine Größe, die ebenfalls zu sekundärer Wichtigkeit degradiert wurde – sie ist ja nur mehr ein Name für die mittlere kinetische Energie eines Teilchens. Aber in dieser Vereinfachung oder Trivialisierung der Naturgesetze lag gerade die Leistung von Mayer und Joule.

> *Jeder Narr kann Dinge größer und komplexer machen. Es gehört eine Menge Mut und Inspiration dazu, die entgegengesetzte Richtung zu gehen. – Albert Einstein*

Stufenweise Revolutionen

Das gleiche Muster erkennt man bei Newtons Gravitationsgesetz. Es lässt uns heute die Erdbeschleunigung $g = 9{,}81$ m/s^2 als trivialen Messwert unseres Planeten erscheinen – obwohl in der Bestimmung der Fallbeschleunigung die Geistesarbeit eines Galilei stand, der diese Zahl durch kluge Abstraktionen und Versuchsreihen erhielt.[i]

Newtons konzeptionelle Vereinigung der irdischen und himmlischen Gravitation schlug sich in der Formel $g = \frac{GM}{R_e^2}$ nieder. Sie verbindet Galileis g mit Newtons Gravitationskonstante G. Sobald man hier die Masse der Erde M und den Erdradius R_e einsetzt, wird g wird obsolet. Darin liegt die revolutionäre Vereinfachung.[ii]

Eine ebensolche revolutionäre Vereinfachung lag Einstein 1911 in den Händen. Sie drückt sich in einer simplen Formel aus, die wir zuerst in Kapitel 7 ansprechen. Ihre fundamentale Bedeutung liegt gerade darin, die Gravitationskonstante G überflüssig, ja „trivial“ zu machen. Einstein hätte damit Newtons Erkenntnisse noch übertrumpft.

Womit sich Einstein als junger Physiker beschäftigte, hätte sich also perfekt eingefügt in seine Überzeugung, die er erst sehr viel später formulierte: Naturgesetze müssen einfach sein. Einfachheit kann nur heißen, mit einer möglichst geringen Anzahl von willkürlichen Naturkonstanten auszukommen. Newtons Gravitationskonstante G, obwohl sie selbst eine dramatische Vereinfachung verursachte, blieb dennoch eine solche willkürliche Zahl. Sie überflüssig zu machen hätte eine weitere Revolution

---

i Geophysiker ehren Galileo mit der Einheit der Beschleunigung 1 Gal = 0,01 m/s^2.

ii Historisch ganz korrekt wäre es, vor dem Cavendish-Experiment nur von einer Beziehung zum Produkt GM zu sprechen.

bedeutet, eben die Vereinigung von Optik und Gravitation. Einstein stand 1911 kurz davor.

Wichtige Vereinigungen der Physik

Vereinigte Theorien		**Jahr**	**Formel**	**obsolet**
Mechanik und Thermodynamik	Mayer, Joule	1841	$\frac{1}{2} mv^2 = kT$	k
Elektrizität und Magnetismus	Maxwell	1865	Maxwellsche Gleichungen	μ_0
Elektromagnetismus und Optik	Hertz, Weber	1888	$1/c^2 = \varepsilon_0\mu_0$	ε_0
Dynamik und Gravitation	Newton	1687	$g = \frac{GM}{r^2}$	g
Mechanik und Optik	Einstein, Dicke	1911 1957	$G = c^2/\sum_i \frac{m_i}{r_i}$	G

Übersicht über revolutionäre Vereinigungen der Physik. Regelmäßig wurde dadurch eine Naturkonstante überflüssig.

Die konzeptionelle Idee dazu ist ganz analog zu Newtons Verbindung von irdischer Schwerkraft mit jener im Sonnensystem: Die Gravitation im Sonnensystem musste mit dem gesamten Universum zusammenhängen. An dieser fantastischen Idee hatte Ernst Mach entscheidenden Anteil – dies wird im nächsten Kapitel erstmals anklingen.

Kapitel 4

Vorläufer der tiefen Gedanken

Relativität, Mach und das Geheimnis des Universums

Nun geht es um die grundlegende Idee, die Einstein zur Allgemeinen Relativitätstheorie führte. Auch sie entsprang einer weitgehend intuitiven Überlegung, die er 1907 zum ersten Mal formulierte. Bevor der Bezug zu den Gedanken von Ernst Mach klar wird, müssen wir aber einen kurzen Rückblick auf Einsteins Spezielle Relativitätstheorie halten. Sie ist heute jedem Physiker so vertraut, dass es fast schwer fällt, auch darin die ungeheure konzeptionelle Leistung zu sehen, die sich hinter ein paar relativ einfachen Formeln verbirgt. Newtons Mechanik hatte für über zweihundert Jahre Gültigkeit besessen. Und auch die schon 1676 durch den Astronomen Ole Rømer[i] entdeckte Endlichkeit der Lichtgeschwindigkeit wurde nie als ein Problem für die Newton'sche Theorie angesehen.

Dass die Lichtgeschwindigkeit nicht nur eine isolierte Kuriosität der Natur ist, sondern auch für materielle Körper eine so fundamentale Bedeutung besitzt – nichts kann sich schneller als Lichtgeschwindigkeit bewegen – wurde erst durch Einsteins Theorie klar. Galilei[17] hatte schon erkannt, dass die Naturgesetze nicht davon abhängen, ob sich ein Beobachter bewegt, und

---

[i] Rømer errechnete damals aus der verspäteten Sichtbarkeit von Jupitermonden einen Wert in der richtigen Größenordnung für *c*, nämlich 212000 km/s.

Einstein übertrug diesen Gedanken auf die Lichtgeschwindigkeit *c*. Ihm wurde klar, dass sie nicht vom Beobachter abhing: Das Licht eines Zugscheinwerfers hat von Bahnsteig aus betrachtet die gleiche Geschwindigkeit wie vom Zug aus. Diese Einsicht ermöglichte ihm, die fundamentale Bedeutung der Lichtgeschwindigkeit in eine konsistente Theorie zu gießen. Gleichsam als krönender Abschluss enthielt sie Newtons bisherige Dynamik als Grenzfall für langsame Geschwindigkeiten. Man könnte in der Theorie sogar in gewisser Weise eine Vereinigung der Mechanik mit der Optik sehen – im 19. Jahrhundert noch durch Unverständnis getrennte Welten der Physik.

Nicht mehr als Logik

Betrachten Sie folgende Situation aus verschiedenen Perspektiven: Ein Zug fährt parallel zu einer spiegelnden Wand, die vom Bahnsteig den Abstand *d* hat. Sendet der Zug einen Lichtblitz aus, so kann er dessen Signal nach einiger Zeit wieder empfangen, nachdem der Lichtstrahl von der Wand reflektiert wurde (s. Bild).

Da der Zug inzwischen eine Strecke ($2 \cdot x$) zurückgelegt hat, muss der Lichtstrahl einen Weg zurücklegen ($2 \cdot s$), der etwas weiter war als der doppelte Abstand zur Wand ($2 \cdot d$). Eigentlich selbstverständlich. Betrachten wir aber nun die Situation nicht von der Perspektive des Bahnsteigs, sondern von der des Lokführers: Er kann behaupten, der Zug stehe, und die spiegelnde Wand bewege sich in einem bestimmten Abstand *d* parallel zu den Schienen – mit der gleichen Geschwindigkeit *v*, die ein Beobachter am Bahnsteig dem Zug zugeordnet hätte. Beide Sichtweisen sind physikalisch gleichwertig! Offenbar legt aber das Licht in der Sichtweise des Lokführers einen kürzeren Weg, nämlich nur $2 \cdot d$, zurück. Daran ist ebenfalls noch nichts Ungewöhnliches, aber die Pointe des Gedankenexperiments ist nun Einsteins Einsicht, dass die Lichtgeschwindigkeit, unabhängig vom Beobachter, immer gleich groß ist. Der Beobachter am

Bahnsteig wird insistieren, dass der Lichtweg ($2 \cdot s$) für den fahrenden Zug kürzer ist ($2 \cdot d$), und wenn Geschwindigkeit = Weg/Zeit gleich sein soll, dann muss auch die im Zug angezeigte Zeit kürzer sein – das heißt, die bewegte Uhr im Zug läuft (aus der Perspektive vom Bahnsteig) langsamer!

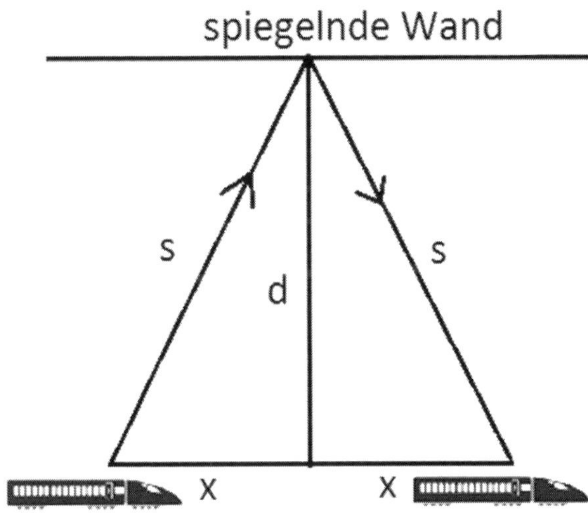

Schematische Skizze eines Lichtsignals, das von einem Zug ausgesandt, dann reflektiert wird und schließlich den Zug wieder erreicht. Die Geschwindigkeit des Zuges ist stark übertrieben.

Es ist immer wieder erstaunlich, zu welchen Diskussionen dieses Resultat einfacher Logik führt. „Bewegte Uhren gehen langsamer“ ist, richtig interpretiert, eine direkte und leicht nachvollziehbare Konsequenz der Tatsache, dass die Lichtgeschwindigkeit nicht von der Bewegung des Beobachters abhängt. Und natürlich ist sie durch zahlreiche Experimente bestätigt. Die berühmte Formel, die das Verhältnis der angezeigten Zeiten der Uhren im Zug t' und am Bahnsteig t angibt, $\frac{t'}{t} = \sqrt{1 - \frac{v^2}{c^2}}$, lässt sich mit dem Satz des Pythagoras, $s^2 = d^2 + x^2$ leicht herleiten, wenn man für die zurückgelegten Wege $s = c \cdot t$, $d = c \cdot t'$ und $x = v \cdot t$ verwendet.

Herleitung: $\frac{t'}{t} = \frac{d/c}{s/c} = \frac{d}{s} = \frac{\sqrt{s^2-x^2}}{s} =$

$$\sqrt{1-\frac{x^2}{s^2}} = \sqrt{1-\frac{v^2t^2}{c^2t^2}} = \sqrt{1-\frac{v^2}{c^2}}$$

Die spektakuläre Vorhersage, dass bewegte Uhren langsamer laufen, folgt also aus elementarer Mathematik, wenn man Einsteins Postulat von der Konstanz von *c* in verschiedenen Bezugssystemen erst einmal akzeptiert hat.

Masse ist geronnene Energie

Der neugierige Leser kann mit Einsteins Formel $\sqrt{1-\frac{v^2}{c^2}}$ berechnen, um welchen Faktor die gemessene Zeit einer bewegten Uhr langsamer vergeht: Setzt man etwa die Geschwindigkeit *v* mit 60 Prozent der Lichtgeschwindigkeit *c* = 300000 km/s an, ergibt sich als Wert $\sqrt{1-0{,}6^2} = 0{,}8$, d. h. eine Stunde würde nur 48 Minuten dauern. In einem Flugzeug mit *v* = 300 m/s hingegen ist der Effekt der Zeitdilatation fast vernachlässigbar: Die Stunde dauert dort nur 1,8 Millisekunden weniger lang.

Die gleiche Formel gibt den Faktor an, um den sich Gegenstände scheinbar verkürzen, wenn man mit großen Geschwindigkeiten daran vorbeifliegt (Längenkontraktion). Schließlich drückt sich in der Formel auch aus, um wieviel die Trägheit einer Masse zunimmt, wenn sie sich der Lichtgeschwindigkeit annähert. Erinnert man sich an die Formel für die Bewegungsenergie $E = \frac{1}{2} mv^2$, wird sofort klar, dass die „Ruhemasse" (man nennt sie m_0) mit zunehmender Geschwindigkeit anwachsen muss: Energie kann beliebig zugeführt werden, jedoch kann *v* den Wert von *c* nicht überschreiten. Folglich muss eine Energiezunahme in einer höheren Masse *m* „gespeichert" werden. Verwendet man den Zusammenhang $\frac{m_0}{m} = \sqrt{1-\frac{v^2}{c^2}}$, ergibt sich nach wenigen Rechenschritten die wohl berühmteste Formel der Physik, den Zusammenhang zwischen Energie und Masse, $E = mc^2$.

Eine bekannte Näherungsformel der Mathematik, die sogenannte Taylor-Entwicklung, besagt $\sqrt{1-x} \approx 1 - \frac{1}{2}x$ und auch $1 + \frac{1}{2}x \approx \frac{1}{\sqrt{1-x}}$, wenn x klein ist. Wenn man daher die Ruheenergie E_0 als $E_0 = m_0c^2$ (m_0 Ruhemasse) definiert, gilt:

$$E_{ges} = E_0 + E_{kin} = m_0c^2 + \frac{1}{2}m_0v^2 = m_0\left(c^2 + \frac{1}{2}v^2\right) =$$

$$m_0c^2\left(1 + \frac{1}{2}\frac{v^2}{c^2}\right) \approx m_0c^2\frac{1}{\sqrt{1-\frac{v^2}{c^2}}} = mc^2$$

Dass jede Masse m_0 damit eine enorme Energiemenge $m_0\, c^2$ enthält, ist eine ebenso ins Auge springende wie beunruhigende Tatsache, die vierzig Jahre nach ihrer Entdeckung mit der Atombombe ihre verheerende Bestätigung fand. Im Wesentlichen ist die Spezielle Relativitätstheorie in den beiden Formeln $\frac{t'}{t} = \frac{l'}{l} = \frac{m_0}{m} = \sqrt{1-\frac{v^2}{c^2}}$ und $E = mc^2$ enthalten.[i] An diesem Punkt befand sich Einstein 1905.

Die eigentliche Entdeckung

Ein chinesisches Sprichwort sagt: „Das Talent trifft das Ziel, das alle verfehlen. Das Genie trifft das Ziel, das keiner sieht.“ Man kann mit Recht darüber diskutieren, ob die Spezielle Rela-

[i] Die sogenannten Lorentz-Transformationen, die Koordinatensysteme ineinander umrechnen, sehen komplizierter aus, sind jedoch nichts prinzipiell anderes.

tivitätstheorie in dem Maße Einsteins Alleinwerk war, wie dies gewöhnlich dargestellt wird. Auch Henri Poincaré und Hendrik Antoon Lorentz haben dazu Entscheidendes beigetragen, wahrscheinlich in mathematisch gleichwertiger Weise. Die Weiterentwicklung dieser Gedanken, die direkt zur Allgemeinen Relativitätstheorie führte, genannt Äquivalenzprinzip ist jedoch Einsteins alleinige Leistung. Worin besteht sie?

Veranschaulichung des Äquivalenzprinzips. In beiden Fällen fallen Gegenstände „zu Boden". Offenbar beschreiben fallende Gegenstände in beiden Fällen eine gekrümmte Bahn. Rechts stellt man sich dies gewöhnlich als Kraftwirkung vor, links als Konsequenz eines beschleunigten Bezugssystems.

Einstein unternahm eines seiner Gedankenexperimente. Er stellte sich einen Beobachter in einem isolierten Raum vor. Kann dieser feststellen, ob er sich in einer beschleunigten Rakete[i] im schwerelosen Weltall oder in einem Gravitationsfeld wie der Erde befindet? Nein. In beiden Fällen spürt man das gleiche. Wie bei der Speziellen Relativitätstheorie wagte Einstein nun die Folgerung: Was mit Experimenten nicht zu unterscheiden

---

[i] Einstein drückte sich abstrakter aus (vgl. Mein Weltbild, S. 134 ff.)

ist, ist gleichwertig. Der Beobachter kann nicht entscheiden, ob es sich um eine dynamische Beschleunigung oder um eine Schwerebeschleunigung handelt, denn die Trägheit der Insassen drückt sie in gleicher Weise gegen den Boden wie die Schwerkraft auf der Erde.

> *Ich saß im Berner Patentamt in einem Sessel, als mir plötzlich der Gedanke kam: Wenn sich ein Mensch im freien Fall befindet, wird er seine eigene Schwere nicht empfinden können. Mir ging ein Licht auf. Dieser einfache Gedanke beeindruckte mich nachhaltig. Die Begeisterung, die ich da empfand, trieb mich zur Gravitationstheorie. – Albert Einstein*

Die mysteriöse Doppelnatur der Masse

Dies hat tiefgreifende Konsequenzen, wenn man auf die fundamentalen Eigenschaften von Masse abstellt. Bedeutete Masse, sich der Beschleunigung zu widersetzen, eine Eigenschaft, die man in Abwesenheit von gravitierenden Körpern messen konnte, also *träge* Masse? Oder heißt Masse in erster Linie *schwere* Masse, die sich über ihre anziehende Wirkung auf andere Massen definiert, was sich auch bei Abwesenheit von Bewegung feststellen lässt? Oder waren gar die beiden unterschiedlichen Phänomene logisch miteinander verbunden,[i] auf faszinierende Weise eines? Einstein gab sich selbst die Antwort:[18]

> *„Der Satz von der Gleichheit der trägen und der schweren Masse leuchtete mir nun in seiner vollen Bedeutung ein und ich wunderte mich im höchsten Grade über sein Bestehen ...“*

---

[i] Im Jahr 1907 hat der ungarische Baron Eötvös die Gleichheit von träger und schwerer Masse mit einem geistreichen Experiment nachgewiesen. Einstein war dies zu dieser Zeit allerdings nicht bekannt.

Dieses Gedankenexperiment zur trägen und schweren Masse markierte den Beginn der Allgemeinen Relativitätstheorie. Natürlich wird ein solches Konzept erst dann zu einer wissenschaftlichen Revolution, wenn es von Rechnungen weitergeführt und bestätigt wird. Wie wir im zweiten Kapitel aber gesehen haben, stand am Anfang aber immer eine anschauliche Idee. Einstein hatte sie 1907, zwei Jahre nachdem er die entscheidende Bedeutung der Lichtgeschwindigkeit für Materie in seiner Speziellen Relativitätstheorie formuliert hatte: Träge und schwere Masse waren das Gleiche. Einstein ahnte nun auch eine Konsequenz, die sich aus der Verbindung der Speziellen Relativitätstheorie mit der Gravitation ergab: Wenn bewegte Uhren langsamer laufen, dann sollte die Schwerkraft, die von einer Beschleunigung nicht zu unterscheiden ist, ebenfalls einen Einfluss auf den Gang der Uhren haben.

Man könnte nun beginnen, die Effekte in Gravitationsfeldern mit einer ähnlichen Formel (sie sei hier schon verraten, $\frac{t\prime}{t} = \sqrt{1 - \frac{2GM}{rc^2}}$) zu berechnen, aber dies wird Einsteins Leistung nicht gerecht, überhaupt auf diesen Gedanken zu kommen – lange bevor die Formalien dazu komplett waren. Retrospektiv erscheint uns vor allem die Rechenleistung großartig. Aber vor der Entwicklung der Formalismen musste der Stein erst ins Rollen gebracht werden. Niemand außer Einstein hatte überhaupt das Problem gesehen, das sich mit der Schwerkraft aufgetan hatte. Nicht nur Newtons Dynamik, sondern auch sein Gravitationsgesetz wurde durch Einstein verbessert.

Der Denker aus Wien

Es gibt allerdings jemanden, der vergleichbar wichtige konzeptionelle Erkenntnisse wie Einstein hatte: den Wiener Physiker und Philosophen Ernst Mach (1838–1916). Sein wesentlich geringerer Status in der Hierarchie der theoretischen Physiker, wie sie derzeit gilt, rührt von den fehlenden Mathematisierungen seiner Gedanken her (obwohl ihm dies in seiner Zeit kaum möglich war). Sogar schon vor Einstein hatte Mach intuitiv erkannt, dass die Gesetze der Dynamik nur von der relativen Bewegung von Massen abhängen konnten. Das Konzept eines absoluten, ruhenden Raumes hielt er anders als Newton für sinnlos, weil er prinzipiell nicht beobachtbar war. Und ebenfalls etliche Jahre vor Einstein hatte Mach schon Galileis Erkenntnis – Naturgesetze sind unabhängig von der Bewegung – auf die Beschleunigung übertragen. Mit dieser gewaltigen Abstraktionsleistung wagte er ebenso wie später Einstein, der Über-Autorität Newtons zu widersprechen. Mach führte 1883 den „absoluten" Raum Newtons praktisch ad absurdum – klarer als Einstein dies getan hat.

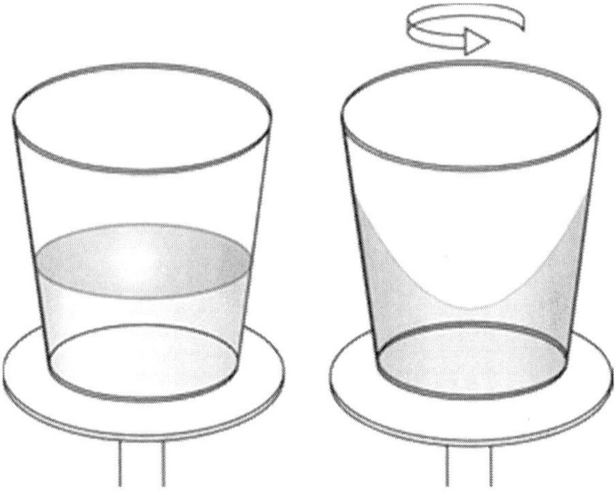

Das berühmte Gedankenexperiment von Newton: Stillstehender Eimer (links) und rotierender Eimer (rechts), in dem der Wasserspiegel an den Wänden ansteigt.

Newton hatte sich einen rotierenden Eimer mit Wasser vorgestellt, an dessen Wänden durch die Fliehkräfte der Wasserspiegel ansteigt. Er behauptete, die gekrümmte Form dieses Wasserspiegels sei ein Beweis für einen absoluten, unbeschleunigten Raum, der durch eine flache Wasseroberfläche gekennzeichnet sei. Mach dachte aber noch einen Schritt weiter und hielt in einem Gedankenexperiment mit trockener Logik dagegen:

> *„Der Versuch Newton's mit dem rotirenden Wassergefäss lehrt nur, dass die Relativdrehung des Wassers gegen die Gefässwände keine merklichen Centrifugalkräfte weckt, dass dieselben aber durch die Relativdrehung gegen die Masse der Erde und die übrigen Himmelskörper geweckt werden. Niemand kann sagen, wie der Versuch verlaufen würde, wenn die Gefässwände immer dicker und massiger, zuletzt mehrere Meilen dick würden. Es liegt nur der eine Versuch vor, und wir haben denselben mit den übrigen uns bekannten Thatsachen, nicht aber mit unsern willkürlichen Dichtungen in Einklang zu bringen."*

Zu diesen „Dichtungen" zählte er den absoluten Raum. Im Grunde hatte Mach damit der Newton'schen Physik schon einen entscheidenden Schlag versetzt. Einstein wusste dies und schätzte diesen Gedanken, er schrieb 1916 – fast möchte man sagen, zu spät:[19] „Der klassischen Mechanik „haftet ein erkenntnistheoretischer Mangel an, der vielleicht zum ersten Mal klar von E. Mach hervorgehoben wurde."

Trotz offensichtlicher konzeptioneller Mängel bleiben Theorien oft lange bestehen. Auch das zeigt die Wissenschaftsgeschichte: Die Revolution findet erst statt, sobald eine bessere Alternative in Sicht ist. Genau daran fehlte es der Kritik von Mach, und auch die Lösung mit dem Äquivalenzprinzip blieb ihm verborgen. Einstein hatte Ernst Mach natürlich gelesen und betonte zeitlebens die entscheidenden Impulse, die Machs Werke seinen eigenen Ideen gegeben hatten.

Mach war aber viel mehr als nur ein mathematisch schwerfälliger Ideengeber Einsteins. Seine Gedanken zur Gravitation waren visionär. Man kann nicht umhin, auf die unterschätzte Rolle solcher konzeptionellen Ideen in der Wissenschaftsgeschichte hinzuweisen, die wie rohe Diamanten übersehen werden, wenn sie nicht durch mathematische Ausformulierung ihren brillanten Schliff erhalten. Und leider ist es oft historischer Zufall, welche Steine ein so veredeltes Schicksal erfahren.

Ernst Mach (1838–1916)

Relativität ist nicht gleich Relativität

Mach dachte nach seinem Argument mit Newtons Eimer[20] noch einen Schritt weiter: Wenn ein rotierender Eimer in einem ruhenden Universum ununterscheidbar von einem ruhenden Eimer wäre, um den sich das Universum dreht, dann würden die entfernten Himmelskörper offenbar die Trägheitseigenschaften von Massen beeinflussen. Mach vermutete nun (in analoger Weise, wie später Einstein die träge mit der schweren Masse verglich), dass entfernte Himmelskörper auch für die Gravitationswirkung aller Massen verantwortlich sein müssen.

Machs Hypothese ist voll tiefer Logik, die gleichzeitig einen fast unheimlichen Bezug von unseren Alltagsgegenständen zum

Universum herstellt. Die Beschleunigung eines fallenden Apfels würde nicht nur von Newtons (vermeintlich) universeller Gravitationskonstante bestimmt, sondern von der Verteilung der Massen im Universum! Leider war Mach weder in mathematischen Techniken besonders versiert, noch erlaubte eine noch nicht existente Kosmologie es auch nur ansatzweise, die Idee quantitativ auszuformulieren. Dieses sogenannte Machsche Prinzip fristet daher leider ein Schattendasein als naturphilosophische Kuriosität des 19. Jahrhunderts. Aber es steckte ein revolutionärer Gedanke darin, der die Physik noch viel mehr hätte verändern können, als die Relativitätstheorien dies ohnehin taten. Einstein war 1911 nicht weit davon entfernt.

Wir müssen noch einen kleinen Ausflug machen, um die eigentlich sensationelle Erkenntnis von Mach und Einstein genügend wertzuschätzen. Sie ist uns so in Fleisch und Blut übergegangen ist, dass wir sie gewöhnlich übersehen. Masse ist ein Begriff, der sich rein kinematisch definieren lässt. Auch im schwerelosen Weltraum würde ein Kugelstoßer bemerken, dass sich eine Kugel größerer Masse nicht so leicht beschleunigen lässt, mithin träger ist als eine Kugel mit geringerer Masse.

Der Begriff der Masse ergibt hier Sinn, ohne dass überhaupt von Schwere die Rede ist. Und es ist höchst verwunderlich, dass der gleiche Begriff der Masse außerdem für eine Art von Kraft verantwortlich ist, wie man sie ähnlich beispielsweise auch bei elektrischen Ladungen beobachtet. Ladungen denken aber nicht daran, gleichzeitig auch für Trägheit verantwortlich zu sein,[i] Masse hingegen ist „schwer" und „träge" zugleich. Mach hatte dies intuitiv erkannt und in seine prinzipiellen Überlegungen eingebaut, aber erst Einstein formulierte das Problem 1907 prä-

---

[i] In diesem Zusammenhang sei die Strahlungsdämpfung von beschleunigten Ladungen erwähnt, ein hochinteressantes, wenn auch ziemlich unverstandenes Phänomen.

zise – eben mit dem Äquivalenzprinzip, dem Beginn der Allgemeinen Relativitätstheorie.

Das Machsche Prinzip enthält also zwei verschiedene Aspekte: Erstens die qualitative Erkenntnis, ebenso wie beim Äquivalenzprinzip, dass träge und schwere Masse einen geheimnisvollen Zusammenhang besitzen. Zweitens sagte Mach aber auch, dass die Trägheit – also der Widerstand gegenüber Beschleunigungen – seine Ursache in der relativen Beschleunigung gegenüber allen anderen Massen im Universum haben musste. Damit war die *Stärke* der Gravitation ebenfalls durch alle anderen Massen bestimmt, was plötzlich auch eine quantitative Aussage ist. Diese sollte aber in der späteren Fassung von Einsteins Allgemeiner Relativitätstheorie nicht mehr auftauchen. Man könnte sagen, dass Einstein von zwei Problemen, die Mach aufgegriffen hat, eines brillant formuliert und gelöst hat.

Dennoch kann sie die Stärke der Schwerkraft, die sich im numerischen Wert der Gravitationskonstanten äußert, nicht erklären. Genau aus diesem Grund ist Einsteins Idee von 1911 der wirkliche Diamant unter den Gedanken zur Gravitation – denn er hätte auch den Weg zur Lösung des zweiten Problems eröffnet.

Die späte Revanche von Newtons absolutem Raum

Mit einer weiteren modernen Beobachtung kommt die Sichtweise Machs eigentlich besser zurecht als die Einsteins. Der sogenannte kosmische Mikrowellenhintergrund ist ein Signal, das der Frühzeit des Kosmos zugeordnet wird. Man geht davon aus, dass Strahlung eines damals heißen und homogenen Universums uns in abgekühlter Form heute erreicht.[i]

---

[i] Inzwischen habe ich ernste Zweifel an der Gültigkeit der Interpretation, insbesondere aufgrund der sorgfältigen Analysen von Pierre-Marie Robitaille, der die Datenauswertung sehr fundiert und leider bisher

Aber das Signal kommt nicht ganz gleichmäßig aus allen Richtungen. Eine kleine Rot- bzw. Blauverschiebung des Lichts entlang einer Himmelsachse deutet an, dass unsere Galaxie in der angenommenen Expansionsbewegung etwas aus der Reihe tanzt, genauer gesagt mit einer Geschwindigkeit von 370 Kilometer pro Sekunde in Richtung des Sternbilds Becher. Was ist daran besonders? Nun, erstens, dass die Geschwindigkeit für kosmische Maßstäbe bescheiden ist – etwa ein Tausendstel der Lichtgeschwindigkeit – und zweitens, deutlich irritierender, dass dies seit Galileo die erste Beobachtung der Physik wäre, die eben doch von der Bewegung des Beobachters abhängt!

Ist Newtons absoluter Raum im Kosmos nun doch realisiert? Nach Einstein müsste das Bezugssystem des kosmischen Mikrowellenhintergrundes schlicht irrelevant sein – in seinen Gleichungen darf es nicht auftauchen. Folgt man hingegen dem Machschen Prinzip, spräche nichts dagegen. Die Dynamik dürfte nur von der Relativbewegung gegenüber allen anderen Massen im Universum abhängen, aber könnte sich theoretisch in einer subtilen Weise äußern. Freilich gibt es dazu noch keine ausgearbeitete Idee.

Ich trage diese Dinge in einer gewissen Ausführlichkeit vor, die vielleicht übertrieben in die Vergangenheit zu blicken scheint. Aber der heutige Wissenschaftsbetrieb hat mit seinen zahllosen Spezialisierungen die formal-mathematische Formulierung der Allgemeinen Relativitätstheorie so festgeklopft, dass die allermeisten Gravitationsphysiker, die sich Experten in diesen Fragen dünken, gar nicht zu denken wagen, dass Einstein 1911 an einem echten Scheideweg stand. Es sind so viele Stockwerke von theoretischen Konstruktionen auf der Theorie von 1915

---

unwidersprochen kritisiert hat (verschiedene Artikel in *Progress in Physics*, ptep-online.com). Man kann die Kontroverse schwer entscheiden, jedoch halte ich es ich es aus allgemeinen methodischen Erwägungen für fragwürdig, Ergebnisse zu übernehmen, wenn die jeweilige Forschergemeinde es an Transparenz und Diskussionskultur fehlen lässt.

errichtet worden, dass sich aus purer Angst um das Wissenschaftsgebäude schlechthin der Gedanke verbietet, das Fundament sei unvollständig. Aber leider ist das so.

Auch wenn es grausam klingt: Die beiden Probleme, die Mach erkannt hatte, sind eben wichtiger als die Summe der Veröffentlichungen, die seit 1915 über Gravitationsphysik geschrieben wurden. Nichts kann bedeutender sein als die Erkenntnis, dass die Ursache der Gravitation direkt mit den Eigenschaften des Universums verknüpft ist.

Einstein gegen Mach, beide gegen Newton

Vergleichen wir also nochmals die Gedanken von Newton, Mach und Einstein über den Raum. Mach und Einstein waren sich einig, dass Newtons ruhender absoluter Raum nicht als solcher beobachtbar war; man konnte keine sinnvolle Theorie darauf aufbauen. Mach nannte seine Gegenposition dazu Relativität, womit er meinte, dass die Naturgesetze nur von den Relativbewegungen der Massen abhängen durften. Einsteins Spezielle Relativitätstheorie dagegen hat ihren Namen, weil sie in relativ zueinander bewegten Bezugssystemen die gleichen Naturgesetze fordert. Einstein bezog sich also auf mathematische Koordinatensysteme, Mach auf physikalische Massen.

Einsteins Idee bei der Allgemeinen Relativitätstheorie war, dieses Prinzip der Unabhängigkeit von *Bewegung* zu verallgemeinern auf die Unabhängigkeit von *Beschleunigung* des Bezugssystems. Dahinter steckt das Äquivalenzprinzip, demzufolge ein Astronaut den freien Fall im Gravitationsfeld in gleicher Weise spürt wie ein unbeschleunigtes Schweben im schwerelosen Weltall. Machs Verallgemeinerung war dagegen, dass es auf die Beschleunigung *relativ* zu anderen Massen ankommt.[21]

Die Sichtweise von 1915, dass es auf Bewegung und Beschleunigung des Bezugssystems nicht ankommt, dominiert weithin, und vordergründig spricht dafür, dass weder die Bewegung der Erde noch die der Sonne Kräfte hervorrufen. Nach Mach hingegen könnte dies einfach an der winzigen Masse des Sonnensystems liegen, während es möglich bliebe, dass auch Bewegungen relativ zu allen Massen im Universum messbare Effekte zeigen.

Newton, Einstein, Mach. Karikatur von Laurent Taudin, aus "The Road to Relativity: The History and Meaning of Einstein's "The Foundation of General Relativity". (Princeton University Press, 2015, S. 150). Mit freundlicher Genehmigung der Autoren Hanoch Gutfreund und Jürgen Renn.

Wir werden in Kapitel 7 besprechen, dass Einsteins Idee von 1911 tatsächlich das Machsche Prinzip verwirklicht, und in Kapitel 12 sehen, dass die kosmologischen Beobachtungen ganz deutlich dafür sprechen – wenn man sie denn richtig interpretieren würde. Obwohl Machs Kritik an Newton Einstein maßgeblich beeinflusst hat, wurden seine visionären Gedanken nicht Inhalt der Allgemeinen Relativitätstheorie von 1915. Zwischen Einstein und Mach blieb eine Diskrepanz, die 1911 zu einer fantastischen Vereinigung hätte werden können.

Kapitel 5

Die revolutionäre Idee von 1911

Wie Licht auf gekrümmte Bahnen kommt

Dieses Kapitel beschreibt, wie Einstein zu seiner wichtigsten Idee kam, wie sie damals aufgenommen wurde und wie sie heute dargestellt wird. Was ging in Einstein in jener Zeit vor? Sein Ausgangspunkt war das Äquivalenzprinzip, das er 1907 in einem Gedankenexperiment entwickelt hatte. Neben der faszinierenden Gleichheit von „schwerer“ und „träger“ Masse, über die wir gesprochen hatten, enthält es einen weiteren Aspekt, der wichtig wird, wenn man die Bewegung von Körpern betrachtet. Man vergleiche wieder eine im schwerelosen All beschleunigte Rakete mit einem Gravitationsfeld in einem isolierten Zimmer auf der Erde. Im letzten Kapitel haben wir gesehen, dass fallende Gegenstände in beiden Fällen eine gekrümmte Bahn beschreiben.

Das gleiche gilt auch für einen seitlich ins Zimmer eintretenden Lichtstrahl. Dieser breitet sich in seinem Ruhesystem ebenfalls geradlinig aus, jedoch fällt er gegenüber dem beschleunigten Beobachter immer weiter zurück, sodass er schließlich an einem tiefer gelegenen Punkt das Zimmer verlassen muss. Offensichtlich wird die Bahn des Lichtstrahls in der *beschleunigten* Rakete gekrümmt wahrgenommen. Wenn diese Situation wirklich physikalisch gleichwertig zum Schwerefeld ist, dann mussten Lichtstrahlen, die seitwärts in ein Gravitationsfeld eintraten, ebenfalls in dessen Richtung gekrümmt werden. Dies ist eine der wichtigsten Folgerungen aus dem Äquivalenzprinzip.

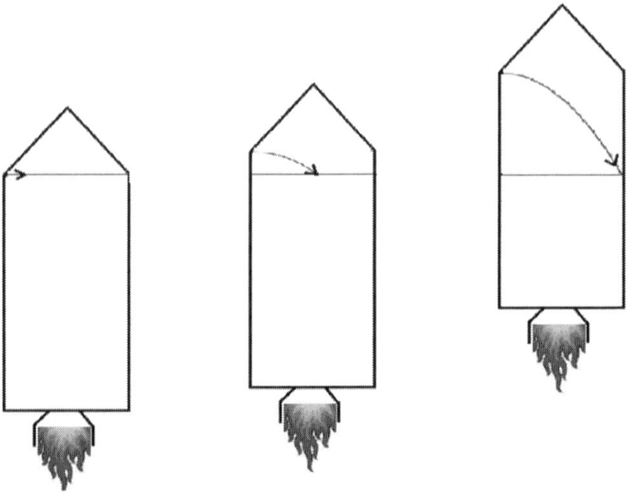

Veranschaulichung des Äquivalenzprinzips. In einer beschleunigten Rakete (im Bild drei aufeinanderfolgende Zeitpunkte) werden Lichtstrahlen „abgelenkt", obwohl sie sich im Ruhesystem geradlinig ausbreiten (vgl. horizontale Linie). Das gleiche muss also in einem Gravitationsfeld gelten.

Machen wir uns aber klar, dass dieses Resultat direkt aus Eigenschaften des Lichtes hergeleitet wurde und nicht durch einen bloßen Analogieschluss, dass sich Licht ähnlich wie ein Teilchen verhalten könnte. Schon im Jahr 1801 hatte der spätere Bayerische Hofastronom Georg Soldner aufgrund einer solchen Überlegung eine Lichtablenkung an der Sonne vorhergesagt. Bekannt wurde dies vor allem durch einen polemischen Angriff von Phillip Lenard, einem Vertreter der „Deutschen Physik" und Einstein-Kritiker, der Soldners Artikel im Jahr 1921 nachdrucken ließ und Einstein des Plagiats bezichtigte, was absurd war. Darüber hinaus geht natürlich der Vorwurf inhaltlich an der Sache vorbei, denn erst die Verbindung mit dem Äquivalenzprinzip gibt eine einleuchtende Begründung der Ablenkung, die der unterschiedlichen Natur von Licht und Materie gerecht wird.

Wiederentdeckte Optik

Wie schafft es aber ein „ruhender“ Himmelskörper, vorbeifliegende Lichtstrahlen plötzlich zur Krümmung zu bewegen? Einsteins erste Idee dazu war einfach und intuitiv. Es wäre schwer möglich gewesen, in den Rechnungen einen mathematischen Zusammenhang zur Lichtbrechung zu erkennen. Einsteins bildliches Denken erinnerte ihn aber sofort daran, dass gekrümmte Lichtstrahlen ein wohlbekanntes Phänomen der Optik sind – beschrieben wird das mit dem sogenannten Brechungsgesetz. Dieses wurde schon im Jahr 1621 von dem niederländischen Mathematiker Snellius gefunden, die tiefere Bedeutung legte aber erst Christiaan Huygens mit der Wellennatur des Lichts dar. Der geniale Mathematiker Pierre de Fermat[i] leitete 1660 das Brechungsgesetz mit einem frappierend einfachen Prinzip her: Licht suchte sich den schnellsten Weg!

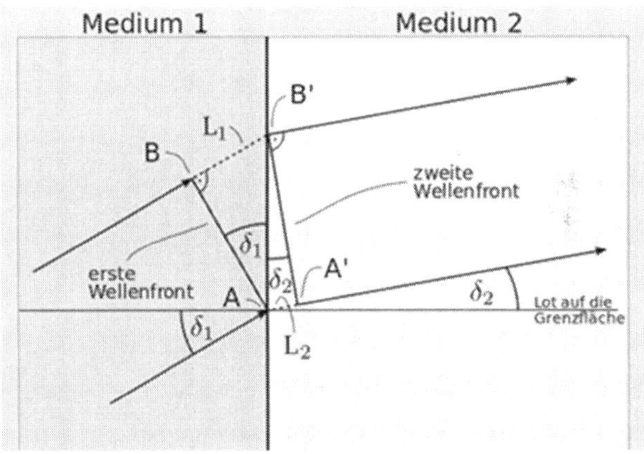

Brechungsgesetz: Weil rechts die Geschwindigkeit kleiner ist, braucht die Lichtwelle von A nach A‘ genauso lange wie von B nach B‘ im schnelleren Medium. Daher wird Licht in ein Medium mit größerer Brechungszahl (d.h. mit geringerer Geschwindigkeit) hinein abgelenkt, was man „Brechung“ nennt.

---

[i] Bekannt vor allem für den Großen Fermatschen Satz, der erst 1994 (!) bewiesen wurde.

Offensichtlich ist bei einem „gebrochenen“ Lichtstrahl (s. vorige Abb.) der geometrisch kürzeste Weg nicht immer der schnellste, weil hier ein größerer Wegabschnitt durch ein Medium mit langsamerer Geschwindigkeit (z. B. Wasser) führen würde. Der „gebrochene“ Lichtstrahl gewinnt Zeit, weil er sich zwar auf einem längeren Weg, dafür aber schneller ausbreitet.

Während das Prinzip hier nicht schwer zu verstehen ist, musste Fermat im 17. Jahrhundert die dazu erforderliche Mathematik erst entwickeln. Es ist relativ leicht einzusehen, dass ein abrupter Übergang der Lichtgeschwindigkeit zu einem Knick im Lichtstrahl führen muss, während eine Krümmung sich mit einer stetigen Abnahme der Geschwindigkeit erklären lässt. Die präzise Formulierung und Rechnung erfordert jedoch die sogenannte Variationsrechnung, die man als Verallgemeinerung der Differenzialrechnung von Newton und Leibniz sehen kann. Sie entstand im Jahr 1696 aus einem Briefwechsel zwischen den Brüdern Johann und Jakob Bernoulli und wurde dann von Leonhard Euler und Joseph-Louis Lagrange entwickelt. All dies war Einstein im Jahr 1911 natürlich bekannt.

Die variable Lichtgeschwindigkeit – Idee des Jahrhunderts

Einstein war natürlich ebenfalls mit dem Fermat-Huygens’schen Prinzip vertraut und wandte es intuitiv in einem ganz anderen Kontext an, der Gravitationsphysik: Die Lichtgeschwindigkeit im Gravitationsfeld musste geringer sein! Seine beste Idee war geboren:

> *„Aus dem soeben bewiesenen Satze, daß die Lichtgeschwindigkeit im Schwerefelde eine Funktion des Ortes ist, läßt sich leicht mittels des Huygensschen Prinzipes schließen, daß quer zum Schwerefeld sich fortpflanzende Lichtstrahlen eine Krümmung erfahren müssen.“*[22]

In den vorhergehenden Absätzen jenes Artikels aus dem Jahre 1911 hatte Einstein den Zeitablauf von Uhren in Gravitationsfeldern besprochen. Dabei hatte ihm sicher geholfen, dass er sich bei seiner Speziellen Relativitätstheorie schon ausführlich mit dem Gang der Uhren in verschiedenen Bezugssystemen beschäftigt hatte. Wenn die Lichtgeschwindigkeit in einem Gravitationsfeld geringer war, dann konnte dies daher kommen, dass die Uhren dort langsamer liefen.

Für diese Überlegungen betrachten wir die kurze Formel $c = \lambda \cdot f$, welche die Lichtgeschwindigkeit c (Einheit m/s) mit dem Produkt aus Wellenlänge λ („lambda“, Einheit m) und Frequenz f (Einheit Schwingungen pro Sekunde, Einheit also 1/s) gleichsetzt.

Albert Einstein (1879–1955)

Generell laden wir hier ein, vor überschaubaren Formeln nicht zu erschrecken, weil sie in ihrer suggestiven Kürze oft einen freieren Blick auf das Verständnis ermöglichen, als dies in langen Sätzen gelingt. Zugleich sei hier eine unschätzbare Hilfe erwähnt: die physikalischen Einheiten, die wie in diesem Fall mit Meter und Sekunde die richtige Zusammensetzung der Größen schon erkennen lassen.

So einfach war es nicht: Über Zeit- und Längenmaßstäbe

Tatsächlich musste Einstein einen wichtigen Schritt über Fermat hinausgehen. In der konventionellen Optik führt allein die Verkürzung der Wellenlängen λ zu einer Verminderung der Lichtgeschwindigkeit c, die Frequenz f des Lichts ändert sich jedoch nicht – niemand würde annehmen, dass Uhren unter Wasser langsamer laufen. Wenn ein Lichtstrahl beispielsweise seine Frequenz änderte, wenn er von Luft in Wasser eintritt, könnte er seine Wellenform nicht behalten und würde „außer Takt“ geraten. Wir werden auf diesen wichtigen Punkt später noch in kosmologischen Zusammenhang zurückkommen.[i]

Im Gegensatz dazu nahm Einstein an, die Verminderung der Lichtgeschwindigkeit c im Gravitationsfeld sei durch geringere Frequenzen f, also langsamer laufende Uhren bedingt. Das war insofern logisch, als nach der Speziellen Relativitätstheorie die Uhren in bewegten Bezugssystemen langsamer ticken. In beschleunigten, also immer schneller bewegten Bezugssystemen, die nach dem Äquivalenzprinzip gleich wie ein Gravitationsfeld zu behandeln sind, können also auch die Uhren nicht unbeeinflusst bleiben.

---

[i] Es wird sich dabei herausstellen, dass man zwischen den Eigenschaften von propagierendem Licht (das unterwegs ist) und dem Licht, das von Atomen ausgesendet wird, unterscheiden muss.

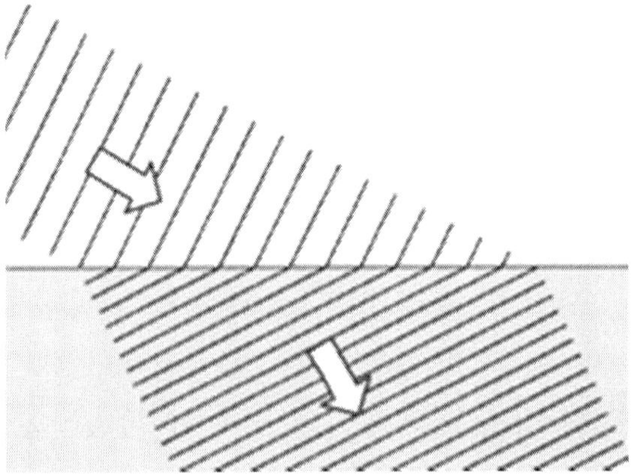

Eintritt einer Lichtwelle in ein dichteres Medium. Durch die unten langsamere Ausbreitungsgeschwindigkeit müssen die Wellenfronten ihre Richtung ändern.[i]

Schließlich konnte Einstein aus dem Rückgriff auf die Speziellen Relativitätstheorie auch berechnen, wie stark die Abnahme der Uhrenfrequenzen f im Gravitationsfeld sein musste. Dies alles führte er in seiner Veröffentlichung von 1911 aus, wobei er die folgende Formel entwickelte, die schon weitgehend vorwegnahm, was als Relativitätstheorie von 1915 gilt:[ii]

$$\frac{c}{c_0} = 1 - \frac{GM}{rc^2}$$

Diese Formel besagt nichts anderes, als dass sich die Lichtgeschwindigkeit c in der Nähe der Sonne nur um eine Winzigkeit

---

i Eine schöne Animation findet sich bei https://de.wikipedia.org/wiki/Datei:Wave_refraction.gif

ii Schon 1907 hatte er allerdings – noch vor Anwendung des Fermat'schen Prinzips – über den „Einfluss des Gravitationsfeldes" auf den Gang der Uhren in anderem Kontext geschrieben und diese Formel bereits angegeben. Man sieht, wie lange die Ideen zu reifen brauchten, die im Nachhinein leicht nachvollziehbar erscheinen. Herausgeber der Zeitschrift war übrigens Johannes Stark, der später als Vertreter einer „Arischen Physik" Einstein in besonders widerwärtiger Weise angegriffen hatte.

von der „normalen“ Lichtgeschwindigkeit c_0 unterscheidet, nämlich um einen Faktor, der nur ein wenig kleiner als 1 ist und in dem das Gravitationspotenzial und wieder die Lichtgeschwindigkeit vorkommen. Diese winzige Differenz ruft einen ebenso kleinen Betrag der Ablenkung des Lichts an der Sonne hervor.

daher die Lichtgeschwindigkeit c in einem Orte vom Gravitationspotential Φ durch die Beziehung

$$c = c_0 \left(1 + \frac{\Phi}{c^2}\right) \tag{3}$$

gegeben sein. Das Prinzip von der Konstanz der Licht-

Einsteins Originalveröffentlichung 1911, S. 906. Das Gravitationspotenzial $\frac{GM}{r}$ *(mit negativem Vorzeichen, G Gravitationskonstante, M Masse der Sonne, r Abstand vom Mittelpunkt) wird dabei als* Φ *abgekürzt.*

Es macht hier übrigens wenig Unterschied ob man sagt, die Lichtgeschwindigkeit c in der Nähe der Sonne sei ein wenig kleiner als jene in großer Entfernung (c_0), oder ob man die Lichtgeschwindigkeit in Sonnennähe als Referenzwert c_0 bezeichnet und sagt, in großer Entfernung ist die Lichtgeschwindigkeit c größer. Einstein hätte daher genauso gut $\frac{c}{c_0} = 1 + \frac{GM}{rc^2}$ schreiben können, wenn auch die von ihm gewählte Formel mehr an die spezielle Relativitätstheorie erinnert. Allgemein gilt aber $1 + x \approx \frac{1}{1-x}$, wenn x eine Zahl bezeichnet, die klein im Vergleich zu 1 ist. Da $\frac{GM}{rc^2}$ klein im Vergleich zu 1 ist, macht es von der Beobachtung her sicher wenig Unterschied, auf welche der beiden Weisen man die Idee formuliert. Wir werden allerdings in Kapitel 8 auf diesen subtilen Punkt zurückkommen.

Das Tor zum Verständnis: physikalische Einheiten

Bei der obigen Formel betrachten wir auch hier wieder die physikalischen Einheiten, ein sehr intuitives Mittel, um Zusammenhänge von Naturgesetzen zu erfassen.

Das sogenannte Gravitationspotenzial $\frac{GM}{r}$ gibt einfach die Energie an, die ein dort befindlicher Körper mit der Masse m besitzt, der sich im Abstand r zu einer größeren Masse M befindet, in diesem Fall der Sonne. G ist die Newton'sche Gravitationskonstante $G = 6{,}67 \cdot 10^{-11} \frac{\mathrm{m}^3}{\mathrm{s}^2\,\mathrm{kg}}$, jene merkwürdige Zahl, deren Geheimnis zu entschlüsseln Einstein zu dieser Zeit so nahe war. Die folgende Aussage verdeutlicht dies:[i]

> „*Das Prinzip der Konstanz der Lichtgeschwindigkeit kann nur insofern aufrechterhalten werden, als man sich auf raum-zeitliche Gebiete mit konstantem Gravitationspotential beschränkt.*"

In der Tat können Sie dieses Geheimnis bei Betrachtung der Einheiten schon durchschimmern sehen: Das Gravitationspotenzial $\frac{GM}{r}$ wird durch das Quadrat der Lichtgeschwindigkeit geteilt, und heraus kommt eine reine Zahl! Das Gravitationspotenzial muss also die gleiche Einheit wie c^2 haben, nämlich $\mathrm{m}^2/\mathrm{s}^2$. Vielleicht sind ja Größen, welche dieselbe Einheit haben, auch dieselben? Das konnte aber Einstein zu diesem Zeitpunkt noch nicht ahnen.

Blicken wir hier kurz in wissenschaftstheoretischer Perspektive auf die wesentlichen Punkte dieser Entdeckung zurück, die die Reihenfolge Idee – Prinzip – Phänomen – Berechenbarkeit – Berechnung erhellt.

---

[i] Annalen der Physik 38 (1912), S.355–369.

Obwohl Ernst Mach bereits entscheidende Aspekte der Gravitation erfasst hatte, war es Einstein vorbehalten, das Äquivalenzprinzip in einem Gedankenexperiment zu entwickeln. Er folgerte nicht nur, dass Lichtstrahlen an Himmelskörpern abgelenkt werden (konkrete Phänomenologie), sondern erriet auch einen Mechanismus dazu: die variable Lichtgeschwindigkeit (Berechenbarkeit). Schließlich war die Berechnung selbst eine mathematische Leistung, bei der er für die Ablenkung an der Sonne das Ergebnis 0,83 Bogensekunden erhielt. Der entscheidende Schritt zur Allgemeinen Relativitätstheorie, den manche auf 1915 datieren würden, war damit schon getan.

Da die Herleitung nicht trivial ist,[23] sei hier nur die Formel für den Lichtablenkungswinkel $\Delta\varphi$ ohne Rechenweg angegeben:

$$\Delta\varphi = \frac{2GM}{rc^2}.$$

Leider beruhte diese Rechnung von 1911 auf einem kleinen Versäumnis in den zugrundeliegenden Annahmen, das sich als verhängnisvoll herausstellen sollte. Einstein hatte erkannt, dass Uhren in Gravitationsfeldern langsamer laufen, mithin Zeitmaßstäbe verlängert und Frequenzen f erniedrigt waren. Da Uhren letztlich nichts anderes als Atome sind, die Licht einer bestimmten Frequenz f *und* Wellenlänge λ aussenden, ist es aber natürlich, dass die Atome ihre Wellenlänge λ ebenfalls verringerten – eine Möglichkeit, die Einstein damals nicht beachtete. Experimente, die die Richtigkeit hätten zeigen können, gab es ja auch noch nicht. Eigentlich handelte es sich um eine eher technische Unterlassung, die sicher bemerkt worden wäre, hätte sich die Idee überhaupt durchgesetzt. Leider trug der kleine Fehler aber dazu bei, dass genau dies nicht geschah.

Einstein am Scheideweg

Einsteins Entdeckung markierte einen höchst spannenden, vielversprechenden Zwischenstand bei der Entwicklung einer allgemeinen Gravitationstheorie. Er hatte die entsprechende Veröffentlichung wohl im Juni 1911 in Prag fertiggestellt und an die Zeitschrift *Annalen der Physik* geschickt, wo sie umgehend veröffentlicht wurde. Gab es eine euphorische Reaktion der Fachwelt? Vielleicht war dazu Einsteins visionäre Leistung etwas zu trocken formuliert. Dennoch war es ernüchternd, wie sie aufgenommen wurde. Nur ein einziger zu dieser Zeit bekannter deutscher Physiker, Max Abraham, bezeichnete Einsteins Gedanken einer variablen Lichtgeschwindigkeit als „glücklichen Einfall“. Gleichzeitig kritisierte er aber Einsteins Ansatz mit der Äquivalenz von träger und schwerer Masse und behauptete, Einstein habe sein wichtigstes Prinzip, nämlich das einer konstanten Lichtgeschwindigkeit, aufgegeben. Abrahams eigener Ansatz, der im Gegenzug von Einstein verworfen wurde, ist zumindest historisch nicht uninteressant. Seine Kritik basiert jedoch auf einem Missverständnis, das bis heute weit verbreitet ist.

Der scheinbare Widerspruch zwischen einer „konstanten“ und einer „variablen“ Lichtgeschwindigkeit stellt eine typische Verwirrung dar, die durch die mangelnden Differenzierungsmöglichkeiten der Alltagssprache entsteht. Nach Einsteins Spezieller Relativitätstheorie ist es bekanntlich egal, ob die Geschwindigkeit des Zugscheinwerfers vom Bahnsteig aus oder vom mitfahrenden Zug aus gemessen wird – es ergibt sich der gleiche Wert. Man kann die Lichtgeschwindigkeit also „unabhängig vom Bezugssystem“ nennen, oder eben als „konstant“ hinsichtlich des Bezugssystems. Das bedeutet aber nicht, dass sie nicht vom Ort abhängig sein kann!

Abhängigkeit vom Ort und Abhängigkeit vom Bezugssystem sind zwei grundverschiedene Konzepte, und es spricht überhaupt nichts dagegen, dass das eine zutrifft und das andere nicht. Richtig ist zwar, dass die technische Formulierung der Unabhängigkeit vom Bezugssystem, die man Lorentz-Transformationen nennt, von Einstein im Hinblick auf seine neue Idee noch nicht ausgearbeitet wurde. Warum auch? Es galt ja, zuerst die grundlegenden Mechanismen zu verstehen und dann in weiteren Arbeiten eine ganze Reihe von Problemen anzugehen. Einstein räumte zwar in einem Artikel 1912 ein, dass er die verallgemeinerten Lorentz-Transformationen noch nicht gefunden hatte und dies nicht so einfach war, wie er zuerst gedacht hatte. Gleichzeitig ließ er aber keinen Zweifel daran, dass er die Kritik von Abraham für unbegründet hielt: „Es darf uns nicht von der weiteren Verfolgung des eingeschlagenen Weges abschrecken.“[i]

Verordnete Blindheit

Das oben angesprochene Missverständnis wird weiter dadurch befördert, dass die Lichtgeschwindigkeit im heutigen Einheitensystem als Konstante mit dem Wert 299792458 m/s *festgelegt* ist, also sich auch durch neue Messungen nicht mehr ändert. Dies hat jedoch ausschließlich praktische Gründe für die Anwendung als Maßsystem. In Kombination mit der Definition der Sekunde[24] (9192631770 Schwingungen pro Sekunde eines Cäsium-Atoms bei einem bestimmten Zustand) wird der Meter damit einfach definiert als die Strecke, die das Licht im Bruchteil 1/299792458 einer Sekunde zurücklegt.

Mit dieser Festlegung kann natürlich auch eine vorhandene Änderung von c nicht direkt gemessen werden: Der Meter ändert sich einfach mit! Ebenso wenig fällt auf, wenn Atome langsamer schwingen: Die Länge der Sekunde, definiert über die Frequenz f der Atome, ändert sich dann eben ein wenig. Da immer $c = \lambda \cdot f$ gilt, ist auch eine Variabilität von c, wie sie sich Einstein vorgestellt hat, durch die Definition unseres Einheitensystems nicht direkt feststellbar. Ob diese Definition geschickt ist, mag dahingestellt sein, aber leider wird sie immer wieder als Gegenargument gegen eine variable Lichtgeschwindigkeit ver-

---

i *Annalen der Physik* 38 (1912), 355.

wendet, was natürlich unsinnig ist. Denn die Variabilität von *c* ist in der Gesamtbetrachtung natürlich feststellbar, d. h. auch messbar: Sie äußert sich ja gerade in der Krümmung von Lichtstrahlen.

Die Unauffälligkeit der variablen Lichtgeschwindigkeit kann man mit einer Analogie zu physikalischen Temperaturmessungen veranschaulichen. Ein klassisches Thermometer zeigt verschiedene Temperaturen an, weil sich der Alkohol darin stärker ausdehnt als das umgebende Glas. Stellen sie sich aber vor, Glas würde sich in gleichem Maße ausdehnen wie Alkohol. Eine Temperaturänderung wäre dann nicht mehr sichtbar. Es könnte sogar jemand sein Thermometer an verschiedenen warmen Orten platzieren und behaupten, überall herrsche die gleiche Temperatur. Alle Lineale, die die Länge des Meters definieren, würden sich ebenfalls mit der Temperatur ausdehnen. Allerdings wären in dieser Welt merkwürdige Raumkrümmungen zu sehen. Kugelförmige Bereiche niedrigerer Temperatur würden das Licht bündeln wie Wassertropfen. Dennoch spräche nichts dagegen, in dieser Welt physikalische Gesetze zu formulieren, die die Temperatur als eine konstante Größe festlegen. Die Frage ist lediglich, ob dies zum Beispiel für eine Wettervorhersage besonders praktisch ist. Eine solche Ungeschicklichkeit stellt die als konstant angenommene Lichtgeschwindigkeit dar, wenn von Gravitationsphysik die Rede ist.

Arroganz der Gegenwart

Eine variable Lichtgeschwindigkeit ist daher im Grunde ein wohlbekanntes und leichtverständliches Konzept der Physik – in der Optik wird es ja auch seit je her erfolgreich verwendet. Insbesondere die vor hundert Jahren zwischen Einstein und Abraham diskutierten Dinge sollten eigentlich selbstverständlich sein für jeden, der sich mit der variablen Lichtgeschwindigkeit auseinandergesetzt hat. Dennoch gibt es heute noch Physiker, die Abrahams Argumente von 1912 ohne deren

Kenntnis verwenden – und, nun wirklich höchst originell, die Idee der variablen Lichtgeschwindigkeit für prinzipiell falsch erklären, ohne überhaupt von Einsteins Beschäftigung mit dem Thema zu wissen.[25] Bei manchen klugen Aufsätzen scheint die Kernaussage zu sein, dass Einstein die grundlegenden Prinzipien seiner eigenen Theorie nicht verstanden hat …

Aber leider sind solche Artikel heute kein Einzelfall und nur eines von vielen Beispielen für die geschichtsvergessene und oberflächliche Art, mit der manche heute Physik betreiben. Sie halten sich für schlauer als Einstein, wenn sie Rechnungen fingerfertiger ausführen, die ihnen durch die Vorarbeit von Fermat, Riemann und anderen in der Ausbildung mundgerecht serviert worden sind. Dass Fortschritt in der Physik meist durch jahrelanges Nachgrübeln über grundlegende Prinzipien zustande kam, ist dem heutigen Paradigma der Rechenorgien fremd.

Der Bruch der Physik mit den naturphilosophischen Vorstellungen, die bis 1930 vor allem von Mach, Einstein, Schrödinger, Bohr und Dirac vertreten wurden, wäre für sich eine Erörterung wert. Schon die Krise, die den sich widersprechenden Interpretationen der Quantenmechanik folgte, führte zu einem Paradigma der beschreibenden Physik ohne gründliche Reflexionen, und die Dominanz der Technik-orientierten Physik war mit dem der Atombombenabwurf von 1945 besiegelt. Physiker waren nicht mehr im Elfenbeinturm, sondern ganz nahe an Macht und Geld.

Einstein blieb die letzten dreißig Jahre seines Forscherlebens allein. Durch diesen Bruch wird heute sein gesamtes Werk aus dem Blickwinkel jener nachfolgenden Generation von Physikern bewertet, die nicht umhin kann, Einsteins Leistungen anzuerkennen, die aber mit seiner Denkweise und seinen naturphilosophischen Überzeugungen nichts am Hut hatten. Man beginnt zu verstehen, warum die variable Lichtgeschwindigkeit heute noch so unbekannt ist. Bezeichnend ist, wie Einsteins

Veröffentlichungen dazu aus der Sicht der ersten Biographen erscheinen.

Die Brille der Biographen

Als großer Einstein-Kenner gilt Abraham Pais, selbst theoretischer Physiker und Weggefährte Einsteins. Pais, der Familienmitglieder im Konzentrationslager verloren hatte und selbst den Nazis nur knapp entkam, lernte Einstein 1947 in Princeton kennen. Pais' sympathische und direkte Ausdrucksweise hat Einstein sicher gefallen, und zweifellos haben die gemeinsamen jüdischen Wurzeln die beiden Männer verbunden. So trägt die sehr schön lesbare Biographie von Pais das Siegel dieser Freundschaft. Dies darf aber nicht darüber hinwegtäuschen, dass sich Pais und Einstein in ihren physikalischen Ansichten fremd waren. Pais gehörte gerade zu jener Generation von Teilchenphysikern, die Beschleunigerexperimente mit einer Vielzahl von neuen Teilchen beschrieb, ein Ansatz, der dem philosophischen Verstehen-wollen Einsteins diametral zuwiderlief. Insofern ist die Biographie von Pais an den Stellen, wo sie sich anschickt, Einsteins Leistungen zu bewerten, doch mit Vorsicht zu genießen.

Die Veröffentlichungen um 1911 zur variablen Lichtgeschwindigkeit bezeichnet Pais als zum Beispiel als „work in progress". Er sucht mit dem Filter der vermeintlichen Erkenntnis im Nachhinein nach Spuren des viel später entwickelten Formalismus. Pais behauptet, die dort behandelten Themen seien „die gleichen wie immer" gewesen, das Äquivalenzprinzip, die Energie der Gravitation, die Rotverschiebung und die Lichtablenkung. Den wichtigsten Inhalt, obwohl sogar im Titel enthalten,[i] übersieht Pais völlig: die variable Lichtgeschwindigkeit! Einsteins

---

[i] „Über den Einfluss der Schwerkraft auf die Ausbreitung des Lichts", Annalen der Physik 35 (1911), S. 898; „Lichtgeschwindigkeit und Statik des Gravitationsfeldes", Annalen der Physik 38 (1912), S. 355.

entscheidende Formel (s. o.) kommentiert er mit den Worten: „Einstein kehrte zur Vernunft zurück, aber um einen Preis“[i] – so als ob die variable Lichtgeschwindigkeit ein Schönheitsfehler wäre anstatt einer Revolution. Die konzeptionelle Sensation, der Einstein auf der Spur war, nämlich das elektromagnetische Phänomen Licht mit der Gravitation zu vereinigen, sieht Pais so:

> *„Was ging bloß in Einstein vor? Wie konnte er darüber schreiben, dass ein statisches Gravitationsfeld mit einem nichtstatischen*[ii] *Maxwell-Feld gekoppelt ist und auch noch hoffen, dass dies einen Sinn ergibt?“*

Man kann lediglich sagen, was in Pais vorging: Er verstand Einstein nicht.[iii] Der großen Bogen der Vereinigung der fundamentalen Wechselwirkungen, den Einstein gespannt hatte, war ihm völlig entgangen. Stattdessen steigert Pais nun sogar sein Plädoyer und lässt sich in einer fiktiven Ich-Form über mehrere Seiten aus, was Einstein *seiner Meinung nach* später zu seiner Idee gesagt *hätte*. Sie sei naiv gewesen, er habe dies und das nicht erkannt, usw.

Schließlich zieht Pais über Einsteins Versuch ein anmaßendes Fazit:[26] „Am Ende hatte er in Prag keine Theorie der Gravitation, aber eine Menge Physik gelernt!“ Im Wesentlichen ist dies die Sicht der Dinge, die unter theoretischen Physikern bis heute vorherrscht.

---

i “Einstein restored sanity, but at a price.”

ii Ein formaler und hier unwesentlicher Aspekt.

iii Pais wiederholte auch den Fehler von Max Abraham: „Einstein versuchte das Unmögliche – die Idee der variablen Lichtgeschwindigkeit in die Spezielle Relativitätstheorie einzubauen“ (loc. 6767).

Der verlorene Edelstein

Natürlich ist dies nicht die Schuld von Pais allein. Ganz generell hat die Haltung der Historiker – das Konstruieren eines Narrativs aus der Retrospektive – dazu beigetragen, dass Einsteins geniale Idee in Vergessenheit geriet. In der ebenfalls bekannten Biographie von Walter Isaacson findet sich zwar eine kurze Besprechung des Artikels von 1911 und der erstmaligen Vorhersage einer Lichtablenkung an der Sonne. Die zugrundeliegende Idee der variablen Lichtgeschwindigkeit wird aber überhaupt nicht mehr erwähnt! Und in der weiteren Literatur ist sie praktisch verschwunden.

Kehren wir wieder zu Einsteins Beschäftigung in dieser Zeit zurück. Wie ging es weiter? Jener Artikel, abgesendet aus Prag im Juni 1911, war ein vorläufiger Höhepunkt seiner Idee gewesen. Im Anschluss besuchte Einstein eine Tagung in Karlsruhe und war dann mit ganz anderen Themen beschäftigt: Er hatte zugesagt, auf dem ersten Solvay-Kongress in Belgien Ende Oktober 1911 vorzutragen und einen Artikel zu verfassen.[27] Thema: *Zum gegenwärtigen Stande des Problems der spezifischen Wärme.*

Im Jahr 1912 erschienen noch zwei weitere Artikel von Einstein zur variablen Lichtgeschwindigkeit, wobei der letztere eine Antwort auf die erwähnte Kritik von Max Abraham war. Generell sprach Einstein über seine Idee sehr vorsichtig, fast übertrieben zweifelnd.[28] Er ließ sich in verschiedene Debatten zum Thema hineinziehen, die nicht direkt mit dem spannenden Aspekt der Idee verbunden waren: der Bezug zum Machschen Prinzip und die grundsätzliche Möglichkeit, die Gravitationskonstante zu eliminieren. Unter den Überlegungen, wie die neue Theorie technisch zu realisieren sei, blieb ihr wichtigster Vorzug praktisch unerwähnt.

Gleichzeitig dachte Einstein 1912 schon an einen Wechsel seines Arbeitsortes. Die Professur in Prag war finanziell und akademisch ein Aufstieg gewesen, jedoch fühlte er sich dort nicht besonders wohl, und noch weniger seine Frau Mileva Maric. Sie machte die schlechte Luft und das schmutzige Trinkwasser für ihren angegriffenen Gesundheitsstand verantwortlich.[i] Obwohl er um diese Zeit auch einen Ruf von der Universität Utrecht erhalten hatte, entschloss er sich, in nun höherer Position zur Eidgenössischen Technischen Hochschule Zürich zurückzukehren, seiner alten Wirkungsstätte. Für die variable Lichtgeschwindigkeit sollte dies jedoch eine unglückliche Zäsur darstellen.

Obwohl Einstein 1912 mit Hendrik Antoon Lorentz und Paul Ehrenfest in Leiden die variable Lichtgeschwindigkeit diskutierte (Einzelheiten sind leider nicht überliefert), zeigten die Reaktionen auf die Artikel in den Jahren 1911 und 1912, dass Einsteins beste Idee von den Zeitgenossen weder verstanden noch besonders geschätzt wurde. Ihr revolutionärer Inhalt, für viele irritierend, wurde zum Gegenstand kleinlicher Debatten. Einstein, der zu dieser Zeit ganz allein daran arbeitete, war verschiedentlich abgelenkt, die Idee ganz entschieden zu verfolgen. Der offensichtliche Bezug zur Kosmos, dessen Größe noch niemand kannte, war noch nicht hergestellt. Die Idee drohte abzusterben, ehe sie sich überhaupt entfalten konnte. Mit der Rückkehr Einsteins nach Zürich nahm das Schicksal seinen Lauf.

---

[i] Bei einer Konferenz in Prag im Juli 2015 nutzte ich die Gelegenheit, Einsteins Wohnhaus anzuschauen. Es liegt ganz in der Nähe der Moldau inmitten von beeindruckenden Jugendstilfassaden. Unschön war der Wohnort der Einsteins in Prag jedenfalls nicht.

Das Haus, in dem Einstein 1911 in Prag wohnte: Třebízského ulice 1215 am linken Moldauufer, heute Lesnicka 7. Foto: Autor.

Kapitel 6

Verführt von mathematischer Schönheit

Der Pyrrhussieg der geometrischen Formulierung

Um dieses Kapitel habe ich mit meinem Lektor besonders kämpfen müssen. Als man dem englischen Astrophysiker und Kenner der Allgemeinen Relativitätstheorie, Sir Arthur Eddington, einmal sagte, weltweit verstünden diese nur drei Leute, antwortete er: „Ich frage mich nur, wer der dritte ist!" Seitdem genießt die Allgemeine Relativitätstheorie den Ruf prohibitiver mathematischer Schwierigkeit, eine Ansammlung abstrakt-geometrischer Konzepte, deren Durchdringen dem Normalsterblichen versagt ist. Wie soll man sie in einem populärwissenschaftlichen Buch vermitteln?

Es ist möglich. Natürlich werden wir uns dem Thema nicht auf herkömmlich rechnerischem Wege nähern, und dieses Kapitel kann natürlich auch nicht die eingehende Beschäftigung mit den Grundlagen im Studium ersetzen. Es ist aber durchaus so, dass man die wesentlichen Begriffe, die in der Allgemeinen Relativitätstheorie auftauchen, anschaulich verstehen kann, ohne dass man als Rechengenie geboren wurde.

Unser Gedächtnis ist ganz überwiegend von bildlichen Inhalten geprägt. Es brachte dem Neandertaler zu wenig Evolutionsvorteil, DIN A4-Seiten mit Formeln vollzurechnen, als dass *Homo sapiens* darin besonders geschickt wäre. Unser Denken ist daher, was reine Rechnungen betrifft, schwerfällig. Unter Ausnutzung unseres Bildgedächtnisses kann man aber durchaus anspruchsvolle Inhalte der Differenzialgeometrie klar machen, deren formale Darstellung oder gar Beweis tatsächlich schlimm aussieht. Trotzdem werde ich als Starthilfe für den weiter Interessierten angeben, welche mathematischen Symbole für diese anschaulichen Größen stehen. Zwar ist dies für das Verständnis der folgenden Kapitel entbehrlich, aber es hilft sicher nachzuvollziehen, warum Einstein von diesen geometrischen Objekten fasziniert war.

Kein Wissen ohne erklären zu können

Eine theoretische Wissenschaft, die sich nicht dessen bewußt ist, daß die Begriffe, die sie für relevant und wichtig hält, letztlich dazu bestimmt sind, in Begriffe und Worte gefaßt zu werden, die für die Gebildeten verständlich sind, und zu einem Bestandteil des allgemeinen Weltbildes zu werden – eine theoretische Wissenschaft, sage ich, in der dies vergessen wird und in der die Eingeweihten fortfahren, einander Ausdrücke zuzuraunen, die bestenfalls von einer kleinen Gruppe von Partnern verstanden werden, wird zwangsläufig von der übrigen Kulturgemeinschaft abgeschnitten sein; auf lange Sicht wird sie verkümmern und erstarren, so lebhaft das esoterische Geschwätz innerhalb ihrer fröhlich isolierten Expertenzirkel auch weitergehen mag.
Erwin Schrödinger

Mich treibt nicht ungesunder pädagogischer Ehrgeiz, Ihnen die Inhalte der Allgemeinen Relativitätstheorie nahebringen zu wollen. Vielmehr denke ich, dass die Gesellschaft Anspruch darauf hat, wissenschaftliche Theorien zu evaluieren, und dass dies auf lange Sicht nur unter Beteiligung einer breiteren Öffentlichkeit gelingen kann. Zu oft in der Wissenschaftsgeschichte haben sich schon geschlossene Zirkel von sogenannten Experten verlaufen, die das Verständnis exklusiv für sich reklamiert hatten.

Daher sollte sich niemand damit zufrieden geben, eine Theorie sei so schwierig und unverständlich, dass man die Beurteilung allein den Fachleuten überlassen müsse. Dies ist im besten Fall eine Einladung zu akademischen Absurditäten und im schlimmsten Fall eine wissenschaftliche Sackgasse.

Allerdings gibt es einen psychologischen Reflex: Unverständliche Theorien erfreuen sich durch ihre mystische Aura oft einer besonderen Popularität. Wie anders wäre es zu erklären, dass Konstrukte wie „kosmische Inflation" oder Stringtheorie viel mehr Bekanntheit erreicht haben, als anschaulichere Dinge wie zum Beispiel die allgemeine Gasgleichung es je hoffen können? Die Leute glauben besonders gerne an das, was sie nicht verstehen. Das hilft das Weltbild zu bewahren, ist aber gefährlich. Aber auch Wissenschaftler verlassen sich auf die Autoritäten benachbarter Fachgebiete und erzählen Theorien einfach nach, wenn sie nicht die Zeit hatten, sich selbst damit auseinanderzusetzen.

Hat man mit dem Halbwissen so seinen Frieden geschlossen, trifft eine anschauliche Erklärung eines schwierigen Sachverhalts leicht auf Misstrauen und Widerstand: Wenn es so einfach gewesen wäre, hätte man ja selbst drauf kommen können. Der Versuch, etwas schwer Verständliches verständlich zu machen, wird daher ganz sicher zum Vorwurf führen, der Autor habe selbst etwas nicht verstanden.

Immer wieder hört man die Argumentation, leider erschließe sich die Einsicht auch in die Grundlagen der Theorie nur dem jahrelang geschulten Experten, weshalb ein anschaulicher Zugang unmöglich und gar kontraproduktiv sei. Ich kann Ihnen als Antwort nur Einsteins Ansicht zu solchen Experten vorstellen: „Wenn du etwas nicht einfach erklären kannst, hast Du es selbst nicht ganz verstanden."

Zahlen und Maschinen, die sie verarbeiten

„Ich hatte das Glück, auf Bücher zu treffen, die es nicht allzu genau nahmen mit der logischen Strenge." – Albert Einstein

Nun aber zur Sache. Einsteins Allgemeine Relativitätstheorie bedient sich der sogenannten Differenzialgeometrie. Dies bedeutet, dass dort nicht nur von ebenen geometrischen Objekten wie Ebenen und Geraden die Rede ist, sondern von gekrümmten. Zu deren Beschreibung benötigt man einige Hilfsmittel.

Einfache mathematische Funktionen sind „Maschinen", die aus einer Zahl eine andere produzieren; zum Beispiel ordnet die Funktion $x \rightarrow x^2$ jeder Zahl ihr Quadrat zu. Steckt man 2 hinein, kommt 4 heraus, man sagt auch $f(2) = 4$ oder allgemein $f(\mathrm{x}) = x^2$. Die Ergebnisse lassen sich anschaulich in einem Graphen darstellen (s. Abb.). Ebenso kann man eine Funktion von zwei Variablen x und y abhängen lassen und das resultierende Ergebnis in einer dritten Dimension darstellen.

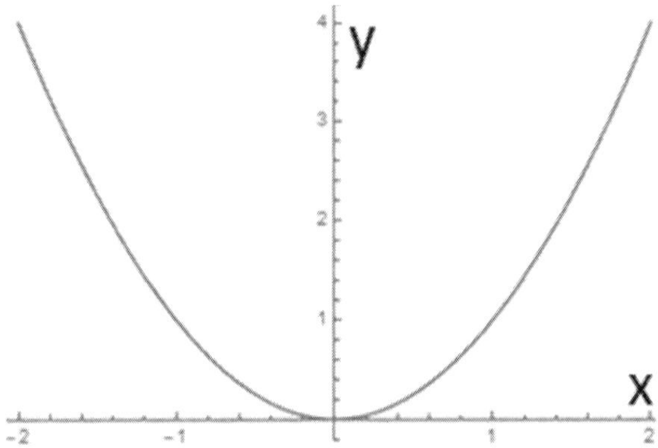

Die sogenannte Normalparabel. Jeder Zahl auf der x-Achse wird ihr Quadrat (auf der y-Achse) zugeordnet.

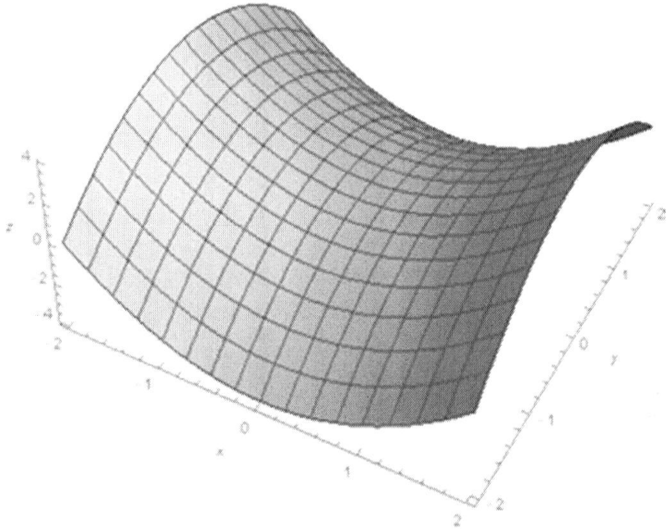

Eine Darstellung einer Funktion, die von zwei Variablen x und y abhängt. Die Funktionswerte können als Fläche im dreidimensionalen Raum dargestellt werden. Hier ist die Funktion $f(x,y) = x^2 - y^2$ *Abgebildet.*

Der Begriff der Funktion hat die verschiedensten Anwendungen. Stellen Sie sich beispielsweise die Lufttemperatur an einem Thermometer vor, die sich mit der Zeit ändert. Jedem Zeitpunkt t wird dann eine Temperatur $T(t)$ zugeordnet, auch das ist eine Funktion. Immer noch gut vorstellbar ist es, in einem Raum die Temperatur zu einem festen Zeitpunkt zu betrachten. Ein Raumpunkt ist durch drei Koordinaten (x,y,z) bestimmt. Gibt man diese drei Zahlen in die „Maschine", d. h. die Funktion $T(x,y,z)$ ein, so wird die Temperatur in diesem Ort „ausgespuckt". Eine derartige Funktion ist allerdings graphisch nur schwer darzustellen. $T(x,y,z)$ nennt man auch „Feld".

Was Leibniz, Newton und Cartan herausfanden

Eine der traurigsten Entwicklungen des Mathematikunterrichts war das Vernachlässigen des Anschaulichen zu Gunsten des Formalen. – Ian Stewart

Benennt man jeden Raumpunkt mit Koordinaten (x,y,z), so kann zum Beispiel in der Raummitte die Temperatur $T(x = 3, y = 3, z = 1) = 295$ Kelvin[i] (entspricht 21 °C) sein und in der Nähe des Fensters $T(x = 3, y = 1, z = 1) = 292$ K (18 °C).

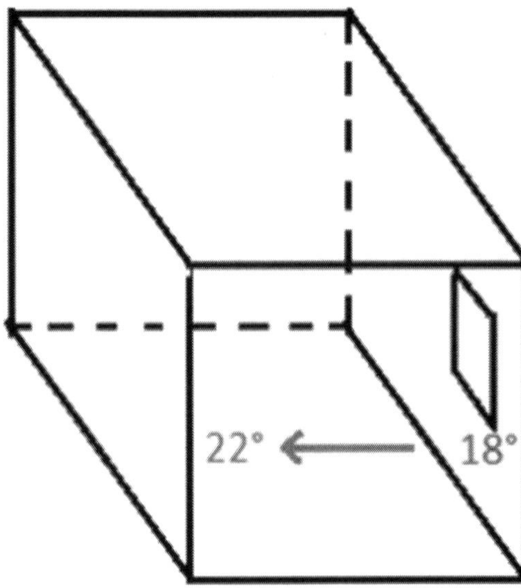

Das Temperaturfeld ist hier nur an zwei Punkten, mit 18° und 22°, angegeben. Ebenso stellt man sich den Gradienten-Pfeil nur in einem Punkt vor. In obigem Beispiel hätte er etwa den Wert ein Kelvin (entsprechend 1 °C) pro Meter.

---

[i] Die physikalische Temperatureinheit, die die tiefste erreichbare Temperatur von –273,15 °C als Nullpunkt (0 K) definiert.

Treten solche Unterschiede auf, dann interessiert man sich für eine etwas raffiniertere Größe, den sogenannten Temperaturgradienten.[i] Er gibt an, um wie viel Kelvin pro Meter sich die Temperatur verändert. Genaugenommen handelt es sich um viele kleine Pfeile, deren Richtung angibt, wo es wärmer wird. Sie zeigen zum Beispiel vom kalten Fenster weg hin zur Raummitte, und je länger der Pfeil, desto größer ist der Unterschied pro Meter. Eltern, die ihren Kindern beim Ostereiersuchen „hier wird es wärmer" sagen, teilen einen Temperaturgradienten mit.

Mathematiker nennen den Prozess, mit dem man aus dem Temperaturfeld $T(x,y,z)$ den Gradienten bestimmt, „Differenzieren" oder auch „Ableiten". Man verwandelt dabei eine Größe, die in Kelvin angegeben wurde (Temperatur) in eine Größe, die die Einheit Kelvin pro Meter (K/m) trägt.

Ebenso wichtig ist der umgekehrte Fall. Selbst wenn man nur die Temperaturunterschiede kennt, kann man durch systematisches Aufaddieren von kleinen Schritten wieder den Temperaturunterschied zwischen dem Start- und dem Endpunkt bestimmen. Diese Rechnung nennt man Integrieren. Sie ist insofern das Gegenteil des Differenzierens, weil eine Größe mit der Einheit Kelvin pro Meter wieder in einen Temperaturunterschied (nur Kelvin) umgewandelt wurde. Sowohl beim Differenzieren als auch beim Integrieren geht man von sehr kleinen Schritten aus, innerhalb derer sich die Temperatur kaum ändert.

Auf die Formalitäten dazu, die erstmals von Newton und Leibniz ausgearbeitet wurden, brauchen wir hier nicht eingehen. Wichtig ist aber ein Konzept, das erst viel später von dem französischen Mathematiker Élie Cartan eingeführt wurde. Integriert man den Temperaturgradienten (also systematisches Zusammenzählen kleiner Unterschiede) entlang eines Weges, kann

---

[i] Die Bezeichnung hat nichts mit Grad zu tun.

man sich also vorstellen, dass ein (eindimensionaler) Weg „gefressen“ und eine Zahl (Temperaturunterschied in Kelvin) „ausgespuckt“ wird. Solche Größen, die erst durch Aufintegrieren entlang eines eindimensionalen Weges Sinn erlangen, werden 1-Formen genannt. Sie haben eine zentrale Bedeutung in der Differenzialgeometrie, auf die wir später kommen.

Pfeile, Drehungen, und noch raffiniertere Zahlen

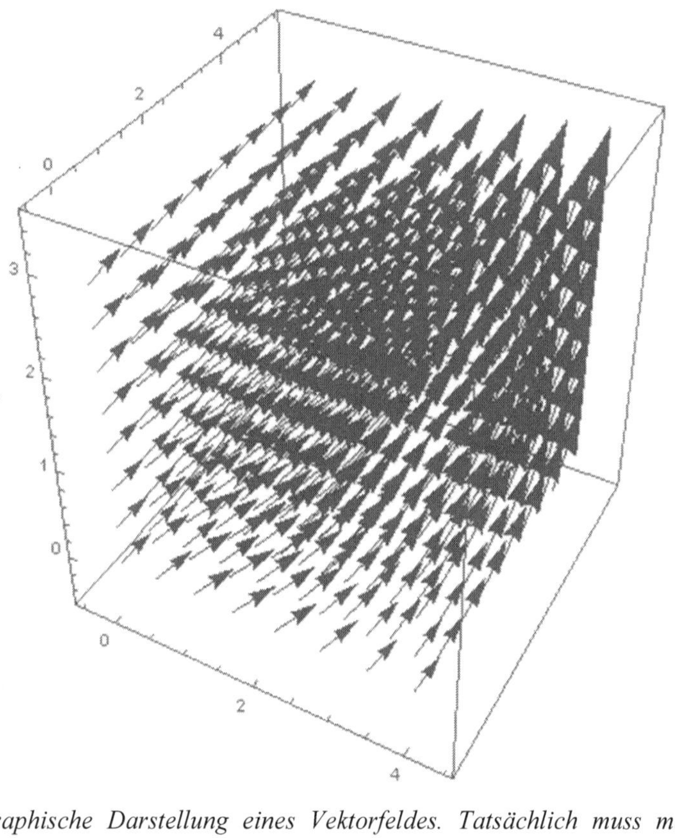

Graphische Darstellung eines Vektorfeldes. Tatsächlich muss man sich in ***jedem*** *Punkt des Raumes einen entsprechenden Pfeil mit Richtung und Länge vorstellen.*

Ein noch anschaulicheres Beispiel für Pfeile (sogenannte Vektoren) im dreidimensionalen Raum wäre übrigens die Windgeschwindigkeit, von der man sich vorstellen kann, dass sie an jedem Ort (x, y, z) in eine bestimmte Richtung und mit einer bestimmten Stärke bläst. Wohlgemerkt hätte jeder Pfeil wieder seine drei Komponenten (v_x, v_y, v_z), welche die Stärke (Geschwindigkeit) des Windes in die jeweilige Richtung angeben (s. Abb.). Mathematiker, die ein Faible für Abkürzungen haben, schreiben einen solchen Geschwindigkeitsvektor auch oft als v_i, wobei i die Werte x, y und z annehmen kann.

Die Mathematik lebt von Verallgemeinerungen der vielfältigsten Art. Ein Vektor, der aus drei Zahlen besteht, kann wieder von einer „Maschine", also einer Funktion verarbeitet werden, die aus ihm eine Zahl macht oder sogar einen anderen Vektor. So gibt es Funktionen, die auf Pfeile (Vektoren) wirken und daraus wieder andere Vektoren machen. Da ein Vektor im dreidimensionalen Raum aber schon drei Zahlen enthält (für die x-, y- und z-Komponente), ist schon eine wesentlich kompliziertere „Maschine" erforderlich, um aus diesem Vektor einen anderen zu formen. Sie heißt Matrix und besteht aus einem 3x3 – Zahlenschema, mit dem ein Vektor nach einer bestimmten Vorschrift multipliziert werden muss, damit ein neuer Vektor entsteht (s. Kasten mit Rechenbeispielen, wenn es Sie interessiert).

$$\begin{pmatrix}3 & 1 & -1\\ 2 & 0 & 1\\ 4 & 2 & -1\end{pmatrix}\cdot\begin{pmatrix}1\\ -2\\ 5\end{pmatrix}=\begin{pmatrix}3\cdot 1-1\cdot 2-1\cdot 5\\ 2\cdot 1-0\cdot 2+1\cdot 5\\ 4\cdot 1-2\cdot 2-1\cdot 5\end{pmatrix}=\begin{pmatrix}-4\\ 7\\ -5\end{pmatrix}$$

$$\begin{pmatrix}0 & -1 & 0\\ 1 & 0 & 0\\ 0 & 0 & 1\end{pmatrix}\cdot\begin{pmatrix}2\\ 0\\ 0\end{pmatrix}=\begin{pmatrix}0\cdot 2-1\cdot 0+0\cdot 0\\ 1\cdot 2+0\cdot 0+0\cdot 0\\ 0\cdot 2+0\cdot 0+0\cdot 0\end{pmatrix}=\begin{pmatrix}0\\ 2\\ 0\end{pmatrix}$$

Beispiel für einen Vektor $a = (1,-2,5)$ und eine Matrix A, die diesen transformiert. Dies geschieht, indem man den Vektor „in die Horizontale legt", die Komponenten jeweils mit der entsprechenden Zeile multipliziert, und die Summe über die Zeile die jeweils neue Komponente des transformierten Vektors ergibt, vgl. nebenstehendes Zahlen-

beispiel. Man beachte, dass im Allgemeinen ein Vektor auch seine Länge verändern kann. Eine zweite Matrix B stammt aus der Gruppe der Drehungen SO(3). Wie sich leicht nachprüfen lässt, führt B mit Vektoren Drehungen um 90 Grad um die z-Achse aus: zuerst zeigt der Vektor in x-Richtung, danach in y-Richtung.

Eine gebräuchliche Unterart einer solchen Matrix führt zum Beispiel nur Drehungen aus, ohne die Länge des Vektors dabei zu ändern. Man bezeichnet sie als eine „Drehgruppe SO(3)". Dies ist ein Zahlensystem von überragender Bedeutung, das uns noch weiter beschäftigen wird.[i] Ein weniger fundamentaler Aspekt davon ist vielleicht vielen bekannt: Wann immer in 3D-Computeranimationen die Welt unter einem anderen Winkel betrachtet wird, sind SO(3)-Matrizen im Spiel.

$$\begin{pmatrix} \cos\varphi & -\sin\varphi & 0 \\ \sin\varphi & \cos\varphi & 0 \\ 0 & 0 & 1 \end{pmatrix}$$

Untergruppe einer Matrix, die nur Drehungen ausführt, in diesem Beispiel um den Winkel φ um die z-Achse.

Spaziergang auf dem Globus

So bewaffnet, gewinnen wir bereits einen Eindruck, wie Einstein die Raumkrümmungen in der Allgemeinen Relativitätstheorie beschrieben hat. Stellen Sie sich zunächst einen einfachen Fall vor: Ein Wanderer befindet sich auf der Erdkugel (der Prototyp eines gekrümmten „Raumes", obwohl es sich nur um eine zweidimensionale Oberfläche handelt) am Nordpol und hält einen Speer, also einen Vektor, in der Hand. Die Aufgabe lautet nun, bis zum Äquator zu wandern, ohne die Richtung des Vektors zu verändern, beispielsweise auf dem 0. Längengrad,

---

[i] So wie eindimensionale Vektoren als v_i abgekürzt werden, schreibt man Matrizen mit zwei Indizes a_{ij}, wobei i und j jeweils die *Werte x,y,z* (oder 1,2,3) annehmen können.

der durch Greenwich verläuft. Wohlgemerkt sind hier nur solche Richtungen erlaubt, die sich auf der zweidimensionalen Kugel darstellen lassen, also tangentiale Richtungen, die parallel zum Horizont zeigen.

Auch bei der allerbesten Bemühung, die Richtung des Vektors nicht zu verändern, wird dieser am Äquator in die im Bild angegebene Richtung zeigen, eben nach Süden. Gibt man nun dem Wanderer vor, sich auf dem Äquator seitwärts zu bewegen, muss dieser den Vektor weiter nach Süden, also quer zur Bewegungsrichtung, halten, wenn er dessen Richtung nicht verändern will. Schließlich kehrt er, nachdem er eine bestimmte Anzahl von Längengraden, sagen wir bis zu den Malediven, zurückgelegt hat, auf geradem Wege zum Nordpol zurück. Der Vektor zeigt nun immer noch „nach Süden", jedoch in eine andere Richtung!

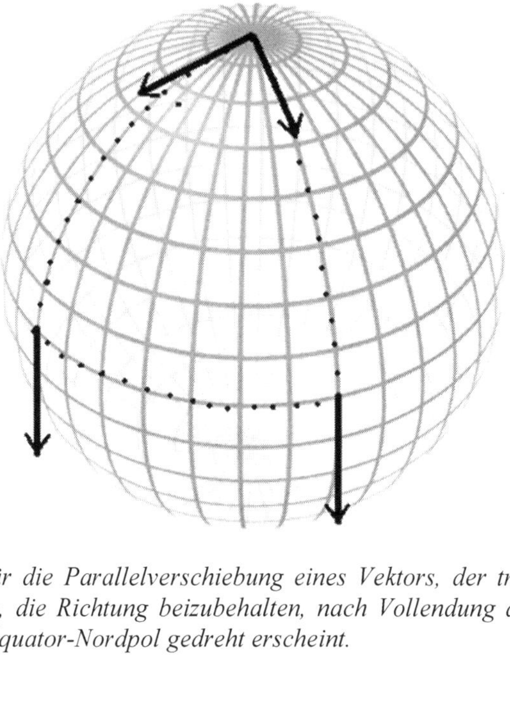

Beispiel für die Parallelverschiebung eines Vektors, der trotz bester Bemühung, die Richtung beizubehalten, nach Vollendung des Weges Nordpol-Äquator-Nordpol gedreht erscheint.

Dieses Paradox, dass der Vektor sich gedreht hat, trotz besten Bemühens, ihn parallel zu transportieren, hat seinen Ursprung in den geometrischen Eigenschaften der Kugel (oder allgemein von gekrümmten Räumen). Die Methode funktioniert offenbar auch dann, wenn sich der Wanderer gar nicht bewusst ist, auf einer Kugel zu sein. Sie eignet sich insofern für die Messung der Krümmung in beliebigen Räumen.

Was die Welt im Innersten zusammenhält?

Die Eigenschaft der Kugel, auf ihr herumgetragene Vektoren zu drehen, wird Konnexion genannt und ist anschaulich leicht zu fassen, erfordert jedoch eine gewisse Komplexität in der Schreibweise. Eine Drehung eines Vektors, wie wir oben gesehen haben, erfordert ja schon ein 3x3-Zahlenschema (Drehmatrix), aber diese wird ja erst durch den Transport entlang des Pfades erzeugt.

Man stellt sich vor, dass ein Vektor auf jedem kleinen Wegstück jeweils eine Winzigkeit gedreht wird; das Aufsummieren dieser Drehungen (Integrieren) ergibt am Ende das Ergebnis, das wir bei der Rückkehr zum Nordpol gesehen haben. Dies hat allerdings die Konsequenz, dass die Konnexion nicht nur zwei Buchstaben (Indizes) für ihre Darstellung benötigt, sondern eine zusätzliche für die Richtung des Weges. Daher finden Sie sie es in Lehrbüchern als Γ_{ij}^{k}, geschrieben, was ziemlich furchterregend aussieht. Der obere Index k gibt aber einfach an, dass eine Linie „gefressen“, d. h. integriert werden muss, um eine Drehmatrix (mit den unteren Indizes i und j) zu erhalten. Die Konnexion Γ_{ij}^{k} ist daher eine „1-Form“ (Linienfresser), die als Ergebnis eine Drehmatrix „ausspuckt“.

Eine geschlossene Linie auf einer Kugel, die wir bei unserer Wanderung auf dem Globus oben vollendet haben, sagt allerdings auch etwas aus über die Fläche, die von dieser Linie eingeschlossen wird, in unserem Fall ein Kugeldreieck, das Mitteleuropa und einen Teil Afrikas enthält.

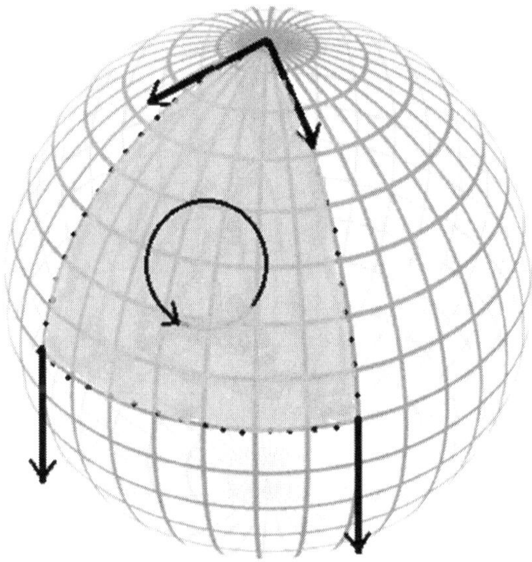

In der von dem Kugeldreieck eingeschlossenen Fläche steckt eine intrinsische Krümmung, die dazu führt, dass ein Vektor, der entlang der Begrenzungslinie geführt wird, eine Drehung erfährt.

Es gehört zu den schönsten Theoremen der Mathematik überhaupt, dass die Eigenschaften einer Fläche in manchen Fällen in den Eigenschaften ihres Randes, also der umgebenden Linie enthalten sind. Offensichtlich weiß die Natur davon! In der Elektrodynamik ist beispielsweise der entlang einer Linie aufsummierte elektrische Strom gleich der Fläche, die von dieser Linie umschlossen wird, mal dem Magnetfeld, das diese Fläche durchsetzt. Dieses ist als Satz von Stokes bekannt, und es hat Einstein zweifellos elektrisiert, die geometrische Natur dieses Theorems in seiner geliebten Gravitationstheorie wiederzufinden. Die Schönheit und Eleganz dieser Strukturen war sicher der Grund, warum er sich später auf der Suche nach einer einheitlichen Feldtheorie[29] auf derartige Fragestellungen konzentrierte. Er wollte die Natur mit Geometrie erklären.

Einstein wiederentdeckt Gauß und Riemann

Zum ersten Mal ergriff Einstein dieses Feuer der Begeisterung im Herbst 1912, als er von Prag nach Zürich zurückgekehrt war. Sein Freund und Studienkollege Marcel Grossmann war dort Professor für Darstellende Geometrie an der ETH Zürich und machte Einstein mit dieser Art von Mathematik bekannt, insbesondere mit den Werken von Riemann, Ricci und Levi-Civita.[i]

Bernhard Riemann (1826-1866)

[i] Georg Pick hatte Einstein schon in Prag darauf hingewiesen, aber erst nach Einsteins Rückkehr am 10. August 1912 begann die Arbeit mit Grossmann.

Als Einstein sah, dass es hier eine Verbindung zur Gravitationstheorie gab, reagierte er sofort – obwohl er sich von der Mathematik überfordert fühlte: „Grossmann, Du musst mir helfen, sonst werd' ich verrückt!"

Einstein und Grossmann betrachteten die oben angeführte Analogie mit dem Satz von Stokes.[i] Entsprach die Konnexion dem elektrischen Strom, so musste es eine geometrische Entsprechung zum Magnetfeld geben. Glücklicherweise hatte Bernhard Riemann, ein genialer Mathematiker des 19. Jahrhunderts, dieses Analogon schon entdeckt: den nach ihm benannten Krümmungstensor. Es handelt sich um eine „2-Form", sie „frisst" also die von einem Weg eingeschlossene Fläche und liefert als Ergebnis wieder eine Drehmatrix. Der Krümmungstensor wird mit nicht weniger als 4 Indizes bezeichnet: $R_{ij}^{\;\;kl}$, wobei man sich vorstellt, dass die aufintegrierte Fläche von den beiden Raumrichtungen k und l „aufgespannt", d. h. begrenzt wird, während i und j für die resultierende Drehmatrix stehen. Der Riemann'sche Krümmungstensor ist das zentrale mathematische Element der Allgemeinen Relativitätstheorie.

Es handelt sich also um ein Zahlengebilde, eigentlich einen vierdimensionalen Zahlenwürfel, der – nimmt man die Zeit als Dimension hinzu – nicht weniger als $4^4 = 256$ Einträge hat, die die Krümmungseigenschaften der Raumzeit beschreiben. Glücklicherweise verfügt er über weitreichende Symmetrien, sodass viele von ihnen identisch sind; zum Beispiel ist es egal, ob eine Fläche von x und y oder von y und x begrenzt wird.[ii]

---

[i] Dies ist historisch nicht verbürgt, jedoch plausibel.

[ii] Weitere Symmetrien reduzieren die Anzahl der unabhängigen Komponenten auf 21. (Landau-Lifschitz, §83).

Die Gleichungen, für die Einstein berühmt ist

Merkwürdigerweise reduziert sich dieses ausufernde Zahlengebilde wieder gewaltig, wenn man es mit physikalischen Größen zu tun hat. Bei einer 3×3-Matrix zum Beispiel kommt es oft nicht auf alle neun Zahlen an, sondern die wesentliche Information ist in der Summe der Diagonalelemente gespeichert, die man als „Spur" bezeichnet. Einstein benutzte eine Verallgemeinerung des Systems, wie man Diagonalelemente aufaddiert (genannt „verjüngen") für den Riemann'schen Krümmungstensor.

Das läuft ab, indem man zum Beispiel vier einzelne Elemente des Krümmungstensors zusammenzählt und zu einem neuen Element „verjüngt" (man beachte, dass die beiden äußeren gleich bleiben): $R_{11}{}^{12} + R_{12}{}^{22} + R_{13}{}^{32} + R_{14}{}^{42} = S_1{}^2$ und so weiter; das Gesamtergebnis wird in diesem Fall „Ricci-Tensor" S_k^j genannt. Wie die Tensorkomponenten korrekt zusammenzuzählen sind, damit etwas physikalisch Vernünftiges herauskommt, damit verbrachte Einstein ungefähr zwei Jahre. Es fiel ihm nicht leicht!

Und er wäre wohl kaum zum Ziel gekommen, hätte er nicht intuitiv das Ergebnis geahnt. Für Raumkrümmungen mussten Massen m bzw. deren Energie $E = mc^2$ verantwortlich sein, und im Falle der Bewegung musste die Energiedichte zu einer Energiestromdichte bzw. Impulsdichte[i] verallgemeinert werden, ebenfalls ein Tensor.

---

i Energiestromdichte ist die Energie, die pro Zeit durch ein Flächenstück fließt. Impuls ist Masse mal Geschwindigkeit. Auch hier lässt sich eine Raumdichte (Impuls pro Kubikmeter) angeben. Energiestromdichte und Impulsdichte haben die gleiche Einheit. Außerdem gibt es noch die Impulsstromdichte.

Schließlich fand Einstein durch geschicktes „Verjüngen" des Krümmungstensors ein Objekt,[i] dessen Eigenschaften perfekt zum Energie-Impuls-Tensor T_{ij} passten. Die Verbindung der Objekte nennt man seitdem Einstein'sche Gleichungen; sie werden meist kurz geschrieben als

$$G_{ij} = \frac{8\pi G}{c^4} T_{ij}$$

Jeder der Tensoren mit den Indizes i und j hat dabei $4 \cdot 4 = 16$ Komponenten. In der Vereinigung dieser so abstrakten geometrischen Objekte mit den physikalischen Begriffen von Energie und Impuls liegt die intellektuelle Anziehungskraft dieser Theorie, die bis heute viele Physiker fasziniert. Einsteins größte Leistung in diesem Zusammenhang war, mit Intuition und unerschütterlicher Hartnäckigkeit durchgehalten zu haben. Er bezeichnete dies als *„das ahnungsvolle, Jahre währende Suchen im Dunkeln mit seiner gespannten Sehnsucht, seiner Abwechslung von Zuversicht und Ermattung und seinem endlichen Durchbrechen zur Wahrheit."*[30]

Metrik: Wie weit ist es von A nach B?

Obwohl Einstein von der Richtigkeit seiner Gleichungen überzeugt war, benötigt man für den konkreten Vergleich mit Beobachtungen eine weitere Kette von Vereinfachungen. Sie gehen auf ein relativ anschauliches Konzept zurück, die sogenannte Metrik.

In einem „flachen" Euklidischen Raum berechnet sich der Abstand zwischen zwei Punkten nach dem Satz des Pythagoras: $s^2 = x^2+y^2$. Wenn es sich um infinitesimal kleine Entfernungen handelt, drückt man dies durch ein vorangestelltes d (für Differenz) aus: $dx^2 + dy^2 = ds^2$. Ist der Raum jedoch gekrümmt, wie

---

[i] Den sogenannten Einstein-Tensor G_{ij}, bei dem der Ricci-Tensor noch eine Ergänzung durch die Metrik erfährt.

zum Beispiel auf der Kugel, dann muss die entsprechende Koordinate *(φ, θ)* erst mit einem bestimmten Faktor multipliziert werden, denn ein Längengrad θ entspricht in Skandinavien einer geringerer Entfernung als am Äquator!

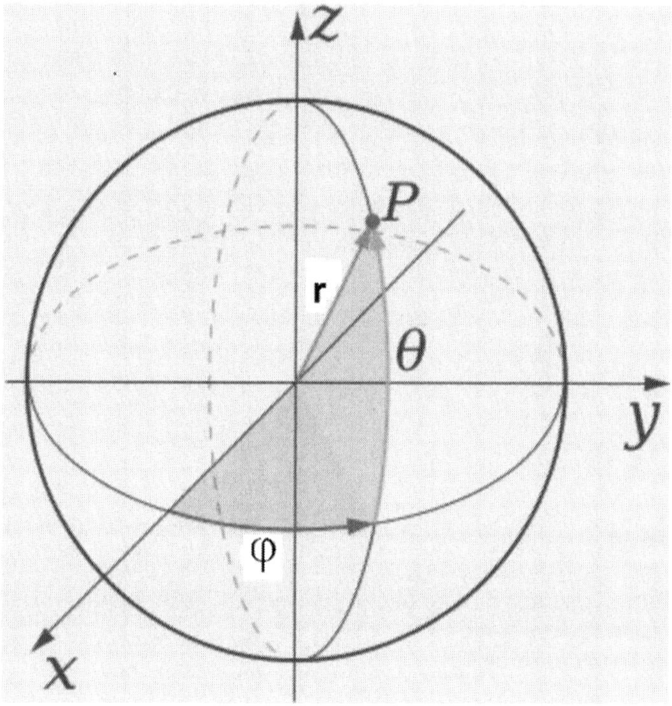

Beispiel für Entfernungsberechnung auf der Kugel, die mit einer sogenannten „Metrik" durchgeführt werden. Weil die Geometrie hier verzerrt ist, muss man mit sphärischen Polarkoordinaten (r, φ, θ) rechnen: $ds^2 = dr^2 + r^2\, d\theta^2 + r^2 \sin\theta\, d\varphi^2$. *Die Faktoren, die ergänzt werden müssen, nennt man Metrik.*

Die gleiche Situation treffen wir an, wenn wir uns bewusst machen, dass nach der Allgemeinen Relativitätstheorie die Zeit in Gravitationsfeldern um den Faktor $\sqrt{1 - \frac{2GM}{rc^2}}$ langsamer vergeht. Ein „Rechteck" in der Raumzeit hat damit unterschiedlich lange Seiten (vgl. folgende Abb.).

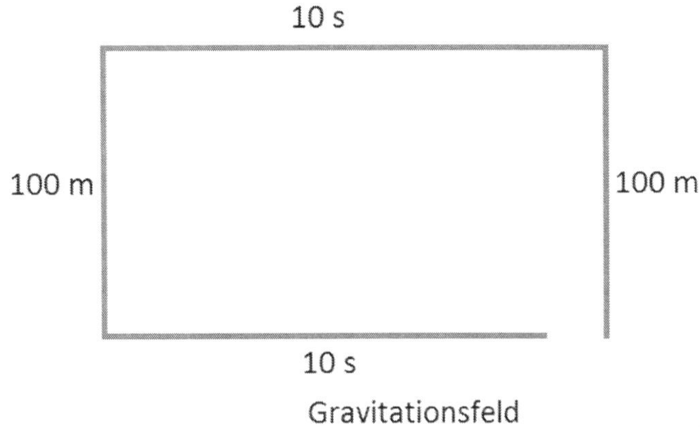

Wie inzwischen vielfach nachgewiesen wurde, vergeht die Zeit in einem Gravitationsfeld langsamer. Betrachtet man Raum und Zeit abstrakt als gleichwertige Richtungen, so ist kein herkömmliches Rechteck mehr in der „Raum-Zeit-Ebene" möglich.

Eine Lösung, die eigentlich überrascht

Der schöne Zusammenhang mit der Metrik liegt darin, dass aus ihr durch Differenzieren die Konnexion, und daraus durch weiteres Differenzieren[i] der Riemann'sche Krümmungstensor hervorgeht. Der Astronom Karl Schwarzschild zeigte auf diese Weise 1916, dass das Gravitationsfeld der Sonne durch eine ziemlich einfache Metrik beschrieben werden kann, die die Einstein'schen Gleichungen erfüllt. Der Rechenweg dazu wäre hier allzu lang hinzuschreiben, [31] aber es lohnt sich, das Ergebnis zu betrachten. Da die Situation im Sonnensystem kugelsymmetrisch ist, nimmt die Schwarzschild-Metrik eine recht einfache Form an, in der nur die radiale Komponente *r* und die Zeit *t* vorkommen:

---

[i] In ganz korrekter Terminologie würde man von „äußerer" Ableitung und „kovariantem" Differenzieren (d. h. unter Berücksichtigung der Krümmung) sprechen.

$$ds^2 = \left(1 - \frac{2GM}{rc^2}\right) d(ct)^2 -$$

$$\frac{dr^1}{\left(1 - \frac{2GM}{rc^2}\right)} - r^2 d\theta^2 - r^2 \sin\theta \, d\varphi^2$$

Wir sehen hier, dass die zeitliche Komponente der Metrik um den Faktor[i] $1 - \frac{2GM}{rc^2}$ größer wird, während die Längeneinheiten um den gleichen Faktor verkürzt werden. Berechnet man daraus die Ablenkung des Sternenlichtes an der Sonne, wie es Einstein bereits 1911 getan hatte, so erhält man mit der Schwarzschild-Metrik den Wert

$$\Delta\varphi = \frac{4GM}{rc^2},$$

also mit 1,75 Bogensekunden eben doppelt so viel wie bei seinem ersten Versuch von 1911. Die Ähnlichkeit der Schwarzschild-Metrik mit der damaligen Formel ist offensichtlich, weil damals direkt die Lichtgeschwindigkeit verändert war, während hier die Veränderlichkeit in die Zeit- und Längenmaßstäbe eingearbeitet ist. Der doppelte Wert resultiert nicht aus dem Faktor 2 im Zähler der Schwarzschild-Koeffizienten (dies kommt davon, dass hier c^2 und nicht c betrachtet wurde), sondern daher, dass Einstein 1911 nur Zeitmaßstäbe betrachtet hatte und nicht auch Längenmaßstäbe. Der Fehler hätte sich jedoch auch in dem Ansatz mit der variablen Lichtgeschwindigkeit korrigieren lassen.

Wahrscheinlich wird Ihnen die Schwarzschild-Metrik auf den ersten Blick nicht als ein Ausbund von Einfachheit vorkommen. Im Vergleich zum Riemann'schen Krümmungstensor mit seinen 256 Komponenten ist sie es jedoch durchaus. Dies ist eigentlich erstaunlich, und wirft die Frage auf, ob denn der von

---

[i] Man beachte, dass die Terme hier quadratisch auftauchen. Die erste Näherung wäre $\left(1 - \frac{GM}{rc^2}\right)$.

Einstein und Grossmann eingeschlagene Weg wirklich der mathematisch effizienteste war. Insbesondere beruht der Formalismus als Ganzes auf dem Paradigma, dass Raum und Zeit als gleichwertige Dimensionen betrachtet werden können, einer Sichtweise, die der Lichtgeschwindigkeit als Naturphänomen wenig Respekt entgegenbringt. Sie hatte sich etwa seit 1908 durchgesetzt und ist wohl einer der folgenschwersten Irrwege der modernen Physik.

> *Der normale Mathematiker, selbst wenn er gut ist, versteht von Physik überhaupt nichts. – Werner Heisenberg*

Ein physikalisches Prinzip als Leitschnur

> *Ich beschäftige mich jetzt ausschließlich mit dem Gravitationsproblem. Das eine ist sicher, dass ich mich im Leben noch nicht annähernd so geplagt habe. Rauchen wir ein Schlot, arbeiten wie ein Ross, Essen ohne Überlegung und Auswahl, Spazierengehen leider selten, schlafen unregelmäßig.* [32] *– Albert Einstein*

Schließlich sei noch auf eine strukturelle Ähnlichkeit der Einstein'schen Gleichungen mit anderen Formeln der Physik hingewiesen. Wo immer in der Physik eine punktförmige Quelle vorhanden ist, tritt eine bestimmte Kombination von Ableitungen auf, die man Laplace-Operator nennt und der analog zum Einstein-Tensor ist. Der Laplace-Operator beschreibt zum Beispiel das elektrische Potenzial in der Nähe einer Punktladung oder die Wärmeausbreitung in der Nähe einer Heizungsquelle. Wir werden in Kapitel 8 diese Ähnlichkeit näher untersuchen.

Einer von Einsteins Leitgedanken, der ihn zu seinen Gleichungen führte, war, dass ein Tensor nicht nur einen Haufen zusammengewürfelter Zahlen darstellt, sondern eine physikalische Größe. Dies hat die Konsequenz, dass Einstein nur nach solchen

Tensoren suchte, die bei Rotationen (allgemein: Transformationen) nicht einfach verschwinden konnten, was man als „allgemeine Kovarianz" bezeichnet. Bei der Suche nach der richtigen Formel verrechnete sich Einstein etliche Male, und ohne die Hilfe von Grossmann hätte er sich im Dschungel der Möglichkeiten leicht verlaufen können.

Ein bestimmter Irrweg, den Einstein zusammen mit Grossmann eine Zeit lang verfolgte, sollte sich als weiterer unglücklicher Zufall herausstellen. Sie publizierten 1913 zusammen eine noch unfertige Theorie, die als „Entwurf" bezeichnet wurde. In ihr findet sich neben mathematischen Inkonsistenzen auch noch ein zu kleiner Winkel für die Lichtablenkung an der Sonne, nämlich 0,83 Grad. Den gleichen falschen Wert hatte Einstein bekanntlich mit seiner variablen Lichtgeschwindigkeit 1911 erhalten. Auch in Darstellungen der Relativitätstheorie, die sich halbwegs um historische Genauigkeit bemühen, werden diese beiden Versuche, die nichts miteinander zu tun hatten, in einen Topf geworfen. Der Unterschied zwischen dem richtigen Wert von 1,7 Bogensekunden und dem falschen halben Wert von 0,83 Bogensekunden ist natürlich wichtig, insbesondere für die experimentelle Überprüfung. Aber er verdeckt hier die prinzipielle Unterscheidung zwischen dem geometrischen Ansatz und dem Ansatz mit variabler Lichtgeschwindigkeit. Und im Hinblick auf fundamentale Zusammenhänge ist die letztere Beschreibung von Vorteil. Denn auch mit der variablen Lichtgeschwindigkeit lässt sich der richtige Wert errechnen – nur sollte dies noch für fast fünfzig Jahre unentdeckt bleiben.

Auf dem Weg zur Berühmtheit

Einsteins und Grossmanns Arbeiten an der Allgemeinen Relativitätstheorie begannen die Fachwelt doch zu interessieren. Schließlich wurden sie durch eine Vortragsreihe Einsteins im Sommer 1915 in Göttingen auch dem berühmten Mathematiker David Hilbert bekannt. Hilberts Denkweise war wenig physikalisch, es fiel ihm jedoch leicht, allgemeine Transformationseigenschaften von Tensoren herzuleiten. Plötzlich bekam Einstein Angst, jemand könnte ihm bei seiner erhofften Entdeckung zuvorkommen. Möglicherweise hat Hilbert sogar die „Einstein'schen Gleichungen" etwas früher als Einstein zur Veröffentlichung eingereicht, und es ist immer noch unklar, wer dabei die Nase vorn hatte.[33] Darüber gab es in der privaten Korrespondenz zwischen Einstein und Hilbert auch Irritationen. Schließlich hatte Hilbert die Größe, einzugestehen, dass die Allgemeine Relativitätstheorie als physikalische Theorie die alleinige Leistung Albert Einsteins sei. Noch heute bewerten Historiker die Ereignisse im November 1915 unterschiedlich, und wie genau die endgültige Form der geometrischen Version der Allgemeinen Relativitätstheorie zustande kam, ist Gegenstand anhaltenden Interesses. Auch darin liegt ein Grund, warum Einsteins Idee zur veränderlichen Lichtgeschwindigkeit von 1911 in Vergessenheit geraten ist.

Einstein selbst war von der Richtigkeit seiner Berechnungen zu dieser Zeit fest überzeugt. In seinen Erinnerungen schreibt er, dass er vor Herzklopfen nicht schlafen konnte, als sich damit der richtige Wert für die Perihelverschiebung des Merkur ergab,[34] einer Anomalie der Beobachtungen, die den Astronomen seit 1859 bekannt und doch mit dem Newton'schen Gesetz nicht zu erklären war.[i] Trotz der Perihelverschiebung war die Theorie jedoch noch nicht allgemein akzeptiert. Die Ereignisse im November 1915 führten aber dazu, dass man die Vorhersagen der Theorie durch Beobachtung überprüfen wollte. Spätes-

---

[i] Auch hier wurde Einstein von seinen Gegnern unrichtigerweise des Plagiats bezichtigt, da der Berliner Physiker Paul Gerber im Jahr 1898 (*Z. Math. Phys.* 43, S. 93–104) eine Formel zur Perihelverschiebung veröffentlicht hatte. Einstein kannte den Ansatz nicht, dem auch keine korrekte Theorie zugrunde lag. Einen gewissen heuristischen Wert wird man Gerbers Formel aber zubilligen müssen.

tens ab 1915 wartete die Welt, ob Einsteins Rechnungen sich als richtig erweisen würden oder nicht.

Erwin Freundlich, ein Astronom aus Wiesbaden, hatte schon in der Entstehungsphase der Theorie versucht, sie zu bestätigen. Er hatte im August 1914 eine Expedition auf die Halbinsel Krim unternommen, um Einsteins Theorie mit Messungen während einer Sonnenfinsternis zum Durchbruch zu verhelfen. Doch durch den Beginn des Ersten Weltkrieges wurden die Forscher mit den verdächtigen Instrumenten als Spione festgesetzt. Hätte Freundlich allerdings zu jener Zeit die Ablenkung des Sternenlichtes an der Sonne gemessen, wäre dies wohl ein Misserfolg für Einstein geworden – denn im Jahr 1914 war er noch von seiner inkorrekten Vorhersage einer Ablenkung um 0,83 Bogensekunden ausgegangen.

Erst nach Ende des Ersten Weltkriegs herrschten in Europa wieder Bedingungen, unter denen Wissenschaft gedeihen konnte. Sir Arthur Eddington, ein junger britischer Physiker, machte sich daran, die Vorhersage von Einstein zu überprüfen, welcher immerhin aus einem Land kam, das sich vier Jahre im Kriegszustand mit seinem eigenen befunden hatte.

Showdown in London

Eddingtons Expeditionen zu den abgelegenen Orten Sobral in Brasilien und Principe vor der westafrikanischen Küste hatten mit Widrigkeiten zu kämpfen. Das bedeckte Wetter schien lange Zeit die Aufnahmen überhaupt zu verhindern, und als wenige schließlich glückten, stellte sich heraus, dass die Hitze den Fotoplatten zugesetzt hatte. Dies machte die Auswertung der Ergebnisse technisch schwierig, und die Ergebnisse waren zunächst gar nicht so eindeutig, wie Eddington es sich gewünscht hatte. Schließlich überwog doch die Interpretation zugunsten der 1,7 Bogensekunden Lichtablenkung, weil man die Fotos eines widersprechenden, wohl fehlerhaften Instrumentes aus der Analyse herausgelassen hatte.[35]

Schließlich präsentierte Eddington die gewonnenen Ergebnisse in einem Vortrag am 6. November 1919 bei einer denkwürdigen Tagung der Royal Society. England war damals noch die führende Nation in der Physik, und eine lange Liste von Berühmtheiten war der Einladung Eddingtons gefolgt, unter anderem der 84-jährige Lord Kelvin, der die Entwicklung der gesamten Physik im ausgehenden 19. Jahrhundert maßgeblich beeinflusst hat.

Obwohl die nackten Daten noch einen Rest Zweifel gerechtfertigt hätten und die Nichtberücksichtigung einiger Fotoplatten aufgrund angenommener Fehler zu diskutieren gewesen wäre, trat Eddington ganz entschieden auf und führte aus, dass die Messungen die neue Gravitationstheorie von Einstein bestätigten. Die Wirkung dieses Vortrags vor der Elite der Physiker, in einem altehrwürdigen Raum vor der Büste Newtons, war überwältigend. Obwohl viele der älteren Garde nicht zustimmten, ja sogar wie Kelvin den Raum verließen, war die Stimmung enthusiastisch.

Praktisch gesprochen, war dies der Zeitpunkt der allgemeinen Anerkennung der Allgemeinen Relativitätstheorie. Historisch-soziologisch betrachtet ist dies dennoch bemerkenswert, denn ganz sicher hatte sich keiner der Anwesenden außer Eddington vorher nennenswert mit der Theorie beschäftigt. Damals soll auch jener Dialog stattgefunden haben, in dem Eddington fragte, wer (außer Einstein und ihm selbst) denn die Allgemeine Relativitätstheorie noch verstünde. Die Etablierung einer wissenschaftlichen Erkenntnis hat offenbar eine ganz wesentliche soziologische Komponente.

Einerseits waren die Messungen mit einer Glaubwürdigkeit geadelt, die sich in den folgenden Jahren als gerechtfertigt herausgestellt hat, bis zu den heutigen Präzisionstests. Viel problematischer ist aber das „Etablieren" der Theorie als korrekte Beschreibung der Beobachtung. In diesem Fall hat sich die Theorie zwar nicht als falsch herausgestellt, aber es kam zu einer verhängnisvolle Weichenstellung: 1919 wurde übersehen, dass die geometrische Version möglicherweise nicht die einzige Theorie war, die die Messungen erklärte. Denn nicht nur eine Raumkrümmung, sondern auch eine variable Lichtgeschwindigkeit konnte für die Lichtablenkung verantwortlich sein.

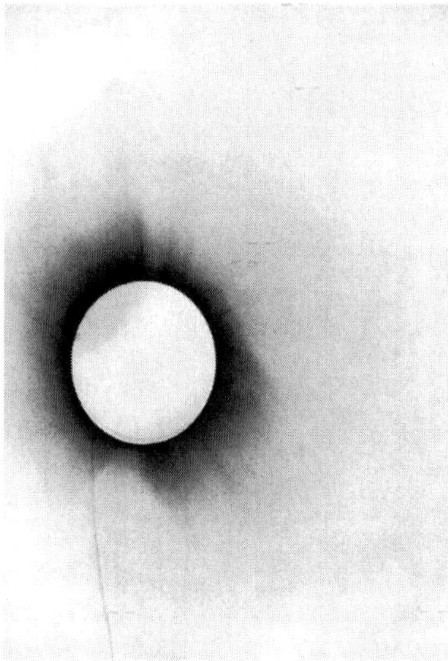

Aufnahme der Sonnenfinsternis in Principe am 29. Mai 1919. (invertierte Helligkeit).

Ankunft in der Neuen Welt

Am nächsten Tag berichtete die New York Times unter der Schlagzeile „Einsteins Theorie triumphiert“, um dann prosaisch hinzuzufügen „Sterne nicht da wo erwartet – aber niemand muss sich Sorgen machen“. Die wissenschaftliche Sensation war perfekt. Einstein wurde an diesem Tag zum Weltstar, und umso mehr erlangte die geometrische Formulierung der Allgemeinen Relativitätstheorie den Nimbus der Unverständlichkeit, welche die Berühmtheit zusätzlich rechtfertigte. Ab diesem Tag war es undenkbar geworden, dass die Messergebnisse auch mit einer einfacheren und verständlicheren Form dargestellt werden konnten.

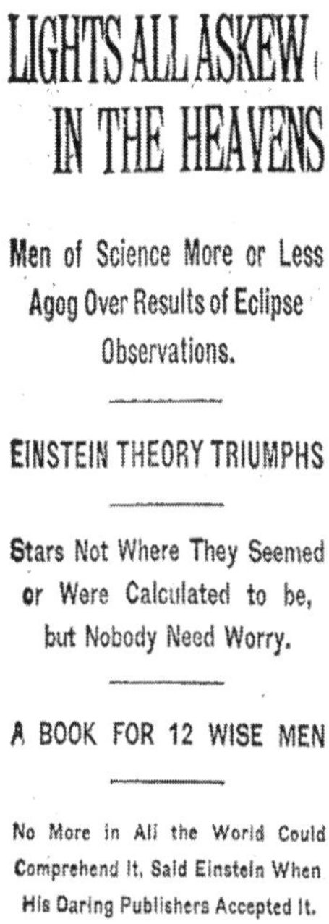

LIGHTS ALL ASKEW IN THE HEAVENS

Men of Science More or Less Agog Over Results of Eclipse Observations.

EINSTEIN THEORY TRIUMPHS

Stars Not Where They Seemed or Were Calculated to be, but Nobody Need Worry.

A BOOK FOR 12 WISE MEN

No More in All the World Could Comprehend It, Said Einstein When His Daring Publishers Accepted It.

Ausgabe der New York Times vom 7. November 1919. „Die Sterne sind nicht dort, wo sie sein sollten, aber niemand braucht sich Sorgen zu machen. – Ein Buch für 12 Weise“

Kapitel 7

Gravitation aus dem Universum

Einstein konnte nicht ahnen, dass Mach Recht hatte

Spätestens seit den Ereignissen von 1919 war die geometrische Version der Allgemeinen Relativitätstheorie von 1915 unerschütterlich anerkannt. Angesichts dessen, dass das Universum nur ein Jahrzehnt später seine wahre Größe offenbaren sollte, kann man dies nur als tragische Abfolge der Ereignisse sehen. Denn die kosmologischen Beobachtungen der 1930er Jahre hätten eindringlich auf die Richtigkeit von Einsteins Versuchen um 1911 hingedeutet. Der Schlüssel zu diesem Problem liegt in Newtons Gravitationskonstante G, die Einstein in seine Allgemeine Relativitätstheorie übernommen hatte – was er vielleicht nicht hätte tun sollen. Die Rätsel um G betrachten wir im Folgenden näher.

Isaac Newton formulierte einst poetisch zur Natur der Gravitationskraft: „Der Grund liegt in der allen Massen innewohnenden Eigenschaft, sich gegenseitig anzuziehen.“ Er drückte damit aus, dass die Anziehungskraft einfach proportional zum Produkt der Massen – etwa der Sonnenmasse M und der Erdmasse m – ist. Möglich wurde ihm die Erkenntnis, als er feststellte, dass diese geheimnisvolle Anziehungskraft im Quadrat mit dem Abstand r abnahm. Das heißt, ein Planet, der sich von der Sonne in doppeltem Abstand zur Erde befindet, würde nur mehr ein Viertel der Kraft spüren.

Zur Berechnung der Kraft fehlt allerdings noch ein Element, das die absolute Stärke angibt – eben die später nach Newton benannte Gravitationskonstante G, die das Gesetz $F = \frac{GMm}{r^2}$ komplett macht. Newton konnte aus den Himmelsbeobachtungen nur den Zahlenwert GM bestimmen (die sogenannte Kepler-Konstante), aber weder den Wert von G selbst noch die Massen der Himmelskörper. Vielmehr glaubte er, dass dies wegen des winzigen Wertes von G (man bedenke, dass die Massen der Himmelskörper sehr groß sind) niemals möglich sein werde.

Es dauerte hundert Jahre, ehe Henry Cavendish den Wert der Gravitationskonstanten in einem legendären Versuch messen konnte. Das Prinzip des experimentellen Aufbaus, den man bis heute verwendet, geht dabei auf John Michell (1724–1793) zurück, einen wahrlich visionären Naturphilosophen, der noch einen weiteren Beitrag zur Gravitationstheorie lieferte; wir werden darauf noch zurückkommen.

Das Zahlenrätsel

Die besten Messungen schwanken heute um den Wert $6{,}673 \cdot 10^{-11} \frac{m^3}{s^2\,kg}$, über den es übrigens in den letzten Jahren erhebliche Diskussionen gegeben hat.[36] Die Größe des Zahlenwerts an sich ist jedoch überhaupt rätselhaft. Warum 6,673 und nicht beispielsweise 5,334? Anders als von Anhängern des „Starken Anthropischen Prinzips“ (eine der esoterischen Krankheiten der heutigen Physik) behauptet, war dieser konkrete Wert keineswegs für das Entstehen von Leben notwendig. Wäre G um zwanzig Prozent kleiner, würde das niemand stören und unsere Bandscheiben wären uns sogar dankbar. Wenn man Physik philosophisch als Fragen an die Natur begreift, liegt in diesem Zahlenwert etwas Unbefriedigendes. Der Kosmologe Dennis Sciama zog in einem Aufsatz[37] aus dem Jahr 1953 folgendes Fazit:

Kapitel 7: Gravitation aus dem Universum

> *„Newtons Gravitationstheorie enthält zwei willkürliche Elemente – die Wahl des Koordinatensystems und den Wert der Gravitationskonstante.“*

Den ersten Punkt haben wir in den Kapiteln 4 und 6 schon ausführlich behandelt. Einstein hat das Problem der beschleunigten Bezugssysteme elegant gelöst,[i] indem er sich auf diejenigen Tensorgrößen beschränkte, die in beliebigen Koordinatensystemen ihre Bedeutung behalten. Definitiv nicht gelöst hat Einstein jedoch die Frage der Gravitationskonstanten, ja es ist noch nicht einmal klar, ob er es bis 1915 überhaupt als Problem gesehen hat. Allerdings dürfen wir nicht vergessen, dass dreißig Jahre zwischen der Vollendung der Allgemeinen Relativitätstheorie und seinen späteren Reflexionen über Naturkonstanten liegen. Wahrscheinlich grübelte der Einstein von 1915 nicht in der gleichen Weise über naturphilosophische Fragen nach, oder er war von seinem Erfolg und der begeisterten Anerkennung so berauscht, dass er über die scheinbar kleine Unzulänglichkeit hinwegsah, deren er sich in späteren Jahren bewusst wurde.

Auch die intensive Beschäftigung mit der Tensoranalysis, die wir im letzten Kapitel gestreift haben, ist konzeptionell so weit von der Reflexion über Naturkonstanten entfernt, dass es ihm schwer gefallen wäre, diese Fragen damals gleichzeitig in Angriff zu nehmen. Wo auch immer seine Gedanken waren, es war Einstein weder 1911 noch 1915 bewusst, dass die Gravitationskonstante ein willkürliches Element der Theorie ist, dessen Elimination wünschenswert wäre. Ganz sicher wäre ihm aber dieses Problem ins Auge gesprungen, hätte Edwin Hubble die Größe des Universums zwanzig Jahre früher entdeckt. Es wäre aus heutiger Sicht fast trivial gewesen, den Zusammenhang

---

[i] Auf einen weiteren Zugang zu dem ersten Problem, der vielleicht noch näher an den Überlegungen von Ernst Mach anknüpft, werden wir noch später kommen.

zwischen *G* und der Größe des Universums zu erkennen. Warum?

Die Natur spricht

Wir können diese Überlegung am einfachsten mit den Einheiten der Gravitationskonstante ($\frac{m^3}{s^2\,kg}$) nachvollziehen. Sie sind schon durch das Newton'sche Gravitationsgesetz festgelegt, weil sich auf der linken Seite der Gleichung $F = \frac{GMm}{r^2}$ notwendig wieder die Einheit einer Kraft, Newton (N), ergeben muss.[i] Das Vorkommen von s^2 im Nenner und m^3 im Zähler legt schon die Vermutung nahe, dass das Quadrat der Lichtgeschwindigkeit in der Gravitationskonstante *G* enthalten sei. Der verbleibende Rest, mit den suggestiven Einheiten m/kg, schreit natürlich geradezu nach einer kosmologischen Interpretation, in der die Ausdehnung (Meter) und Masse (Kilogramm) des Universums vorkommen.

Um 1911 waren diese Größen der Messung jedoch nicht zugänglich, es sei denn, man verwechselte unsere vergleichsweise winzige Galaxie mit dem Kosmos als Ganzem. Dessen Entdeckung konnte man noch nicht einmal erahnen. Da daher eine quantitative Überprüfung des Zusammenhangs nicht möglich, ja nicht einmal zu erwarten war, vermied es Einstein 1911, darüber zu spekulieren. Es ist zwar, wie wir später sehen werden, ziemlich sicher, dass Einstein später eine ähnliche Formel gestreift hat, doch wohl in einem Kontext, der ihm den Blick auf den interessantesten Aspekt verstellte.

Machen wir uns klar, dass 1911 praktisch noch keine Kosmologie existierte, deren Ergebnisse später zeigen sollten, dass die Masse und die Größe des Universums ganz offensichtlich in der Gravitationskonstante stecken! Die im Weltall sichtbare Masse

---

i Es gilt immer $N = kg \cdot m/s^2$ wie in $F = m \cdot a$.

M_u aller Galaxien beträgt ca. 10^{53} Kilogramm, während sich der Radius R_u ziemlich genau auf 10^{26} Meter eingrenzen lässt. Dividiert man diese beiden Werte, so erhält man einen Wert von 10^{27} Kilogramm pro Meter, genau der Faktor, der sich aus der Gravitationskonstante mit dem Term c^2/G ergibt! Natürlich haben diese Größen eine Messungenauigkeit, die in der Astronomie üblich ist, aber bis hin zu den modernen Präzisionsmessungen (die für den Kosmos gleichwohl einer Modellinterpretation bedürfen) ist die Übereinstimmung gegeben. Kurz gesagt, gilt $G \approx c^2 \frac{R_u}{M_u}$. Das ist sensationell.

Es ist schwer zu glauben, dass ein solch offensichtlicher Zusammenhang der Einheiten und der Zahlenwerte Zufall sein kann. Dennoch hat die Formel bisher noch nicht zu einer Umwälzung der Vorstellungen geführt wie im vergleichbaren Fall der Elektrodynamik mit $1/c^2 = \varepsilon_0\mu_0$. Wie es geschehen konnte, dass Generationen von Physikern das Offensichtliche nicht sehen, wird sicher einmal Gegenstand der Wissenschaftssoziologie sein. Es liegt auf der Hand, dass der Gedanke von Ernst Mach, die Massen bestimmten die Gravitationswirkung, hiermit zu tun hat.

Eine Ursache der Blindheit ist die oberflächliche Verwendung des Begriffs der Energie in kosmologischem Zusammenhang. Gemeinhin sagt man, die Erhaltung der Energie sei ein Naturgesetz. Wenige machen sich bewusst, dass der Begriff Energie erfunden wurde, um eben bei verschiedensten dynamischen Prozessen eine konstante Größe zu haben, die sich mit der Zeit nicht ändert. Aber der Kosmos verändert sich so langsam, dass dies übersehen werden kann. Es gibt daher überhaupt keinen Grund anzunehmen, dass die Energie über kosmologische Zeitspannen hinweg erhalten ist. Jedoch lässt sich die ominöse Formel $G \approx c^2 \frac{R_u}{M_u}$ in dieser oberflächlichen Sicht auch als die Gleichheit von kinetischer und potenzieller Energie im Universum interpretieren (d. h. die Gesamtenergie wäre immer gleich null), wofür es natürlich erst Recht keinen Grund gibt. Sich darüber zu wundern, anstatt den Ursprung von G zu hinterfragen, kommt dem Verhalten eines Hundes gleich, der seinem eigenen Schwanz nachjagt.

Die Koinzidenz als solche ist heutzutage natürlich nicht unbekannt, wird aber mit einer bizarren Theorie der „kosmischen Inflation" beschrieben. Dabei nimmt man eine gottgegebene Gravitationskonstante an, verziert mit ebenso absurden wie willkürlichen Hypothesen über die ersten Mini-Sekundenbruchteile des Universums nach dem Urknall, in denen es sich angeblich mit vielfacher Lichtgeschwindigkeit ausgedehnt haben soll. Diese sogenannte Inflationstheorie ist von mehreren vernünftig gebliebenen Physikern bereits zerpflückt worden,[38] breitet sich aber dennoch immer mehr in der „community" aus. Es ist jedoch hier nicht der Ort,[39] verrückte Gruppendynamik zu analysieren.

Schrödingers Sternstunde

Vielmehr gibt es eine echte Perle physikalischer Argumentation in einem völlig unbekannten Artikel[40] von Erwin Schrödinger über Kosmologie aus dem Jahr 1925. Der spätere Nobelpreisträger ist heute ganz überwiegend für seinen entscheidenden Beitrag zur Quantenmechanik bekannt, die nach ihm benannte Wellengleichung. Er fand sie übrigens ebenfalls im Jahr 1925, in einem Skiurlaub in Arosa, den er mit einer bis heute unbekannten Geliebten verbrachte. Schrödingers Gedanken zur Kosmologie sind vielleicht nicht weniger wichtig, obwohl sie vollkommen in Vergessenheit geraten sind: Er war der erste, der die Koinzidenz $G \approx c^2 \frac{R_u}{M_u}$ vermutet hat!

Erwin Schrödinger (1887–1961)

Während der Zusammenhang $G \approx c^2 \frac{R_u}{M_u}$ zunächst nur numerisch ist, ging Schrödinger noch einen Schritt weiter, indem er erkannte, dass in der Formel der Begriff des Gravitationspotenzials φ versteckt war. Potenzial ist einfach eine Energie pro Masse, und Newton hatte in seiner Gravitationstheorie dafür den Ausdruck $\varphi = -\frac{GM}{r}$ hergeleitet, wenn sich eine Masse im Abstand r zur Sonne (mit der Masse M) befindet.[i]

---

[i] Der Ausdruck ist noch mit der Masse m zu multiplizieren, damit sich eine Energie ergibt.

Man muss sich für einen Moment den subtilen Unterschied zu der Formel für die Anziehungskraft $F = \frac{GMm}{r^2}$ klarmachen, wo im Nenner der Abstand ins Quadrat genommen wird. Dies führt dazu, dass die Anziehungskraft für weit entfernte Himmelskörper sehr stark abnimmt, und daher spürt man beispielsweise auf der Erde die Gravitationskraft der Sonne kaum (abgesehen von dem Effekt der Gezeiten, zu dem sie beiträgt). Ganz anders verhält es sich mit dem Gravitationspotenzial: Der Wert des Potenzials der Sonne, in dem wir uns befinden, übersteigt den Einfluss der Erde um das zehnfache, was man leicht sieht, wenn man die jeweiligen Quotienten M/r (Masse durch Abstand) betrachtet.

Dies hatte auch Schrödinger bemerkt. Es erschien ihm logisch, dass der Einfluss noch weiter entfernter Massen in der Milchstraße, obwohl als Kraft nicht wahrnehmbar, noch größer sein musste, und versuchte, ihn abzuschätzen. Dabei fiel ihm natürlich auch auf, dass das Gravitationspotenzial die gleiche Einheit wie das Quadrat der Lichtgeschwindigkeit, c^2, hatte, und er vermutete mit erstaunlicher Intuition, dass das gesamte Universum einen gleich großen Einfluss haben könnte. Schrödinger schrieb wörtlich (S. 331):

> *„Diese merkwürdige Beziehung sagt aus, daß das (negative) Potential aller Massen auf den Beobachtungsort, berechnet mit der am Beobachtungsort gültigen Gravitationskonstante, dem halben Quadrat der Lichtgeschwindigkeit gleich sein soll.“*[i]

Dabei bemerkte er trotz der damals rudimentären Daten der Astronomie, dass dieser Zusammenhang auf ein Universum hindeutet, dass viel größer sein musste, als man damals wissen konnte (S. 332):

---

[i] Der Faktor ½ ist für die Abschätzung nicht erheblich.

> *„Es kann somit nur ein ganz verschwindender Bruchteil der auf der Erde und im Planetensystem beobachteten Trägheitswirkungen von der Wechselwirkung mit den Massen unseres Milchstraßensystems herrühren."*

In gewisser Weise hat Schrödinger damit die Entdeckung der Größe des Kosmos in den 1930er Jahren vorweggenommen. Er forderte außerdem, dass das Machsche Prinzip in die Relativitätstheorie Eingang finden müsse. In dieser Hinsicht war Schrödinger weitblickender als Einstein. Umso bizarrer ist es, dass Schrödingers Beschäftigung mit der Kosmologie auch unter Physikern völlig unbekannt ist.

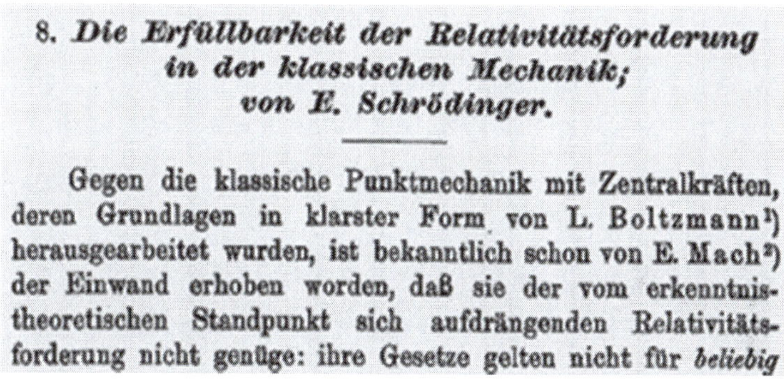

8. *Die Erfüllbarkeit der Relativitätsforderung in der klassischen Mechanik; von E. Schrödinger.*

Gegen die klassische Punktmechanik mit Zentralkräften, deren Grundlagen in klarster Form von L. Boltzmann[1]) herausgearbeitet wurden, ist bekanntlich schon von E. Mach[2]) der Einwand erhoben worden, daß sie der vom erkenntnistheoretischen Standpunkt sich aufdrängenden Relativitätsforderung nicht genüge: ihre Gesetze gelten nicht für *beliebig*

Erste Seite von Schrödingers Originalarbeit aus dem Jahr 1925

Einsteins unbekannte Rechnung

Es bleibt aber die historisch hochinteressante Frage, ob Einstein die Koinzidenz $\frac{c^2}{G} \approx \frac{M_u}{R_u}$ kannte. Auch wenn er diese Idee nicht ausformuliert hatte, hatte er wenigstens einmal daran gedacht? Offenbar schon! Zwar ist weder in Einsteins Veröffentlichungen noch in seinen Briefen von dieser Vermutung die Rede, doch in seinen Gesprächen mit Alexander Moszkowski,[i] die dieser in seinen Erinnerungen festgehalten hat (übrigens eine höchst vergnügliche zeitgeschichtliche Lektüre) findet sich eine bemerkenswerte Passage:

> *„Es ist Einstein gelungen, die Maße dieses nicht-unendlichen Universums approximativ festzustellen; nämlich daraus, daß in der Welt eine bestimmbare Gravitationskonstante vorhanden ist...[ ]. Er setzt ferner eine Wahrscheinlichkeitshypothese für die Verteilung der Materie dergestalt, daß die durchschnittliche Dichtigkeit der Gesamtmasse etwa die der Milchstraße ist. Hieraus ergeben sich für Einstein folgende rechnungsmäßig bestimmte Maße: Das gesamte Universum besitzt einen Durchmesser von rund 100 Millionen Lichtjahren."*

Diese Aussage ist höchst bemerkenswert. Einstein benutzte offenbar einen Schätzwert für die Dichte (Masse pro Volumen) der Milchstraße, den die Astronomen damals schon angeben konnten,[ii] um die Ausdehnung des Kosmos abzuschätzen. Nur gibt es eigentlich keine Möglichkeit, aus der Dichte ρ, die proportional zu M/R_u^3 ist, die Ausdehnung R_u abzuschätzen, es sei denn, Einstein vermutete zusätzlich die Koinzidenz $\frac{c^2}{G} \approx \frac{M_u}{R_u}$. Kombiniert man die beiden Formeln, so kann Einsteins Ab-

---

i Autor des Buches *Einstein - Einblicke in seine Gedankenwelt* und Bruder des Komponisten Moritz Moszkowski.

ii Eine historische Quelle hierfür ist der erwähnte Artikel von Erwin Schrödinger aus dem Jahr 1925. Er schreibt (S. 323) von „... gleichmäßig von Sternen der Masse der Sonne erfüllt ist, derart, daß 30 solcher Sterne eine Kugel mit Radius 5 parsec ausfüllen." (1 parsec entspricht 3,26 Lichtjahren oder 3,08 10^{16} Meter). Verwendet man Schrödingers Abschätzung, so ergeben sich für *r* etwa 60 Millionen Lichtjahre statt 50 (Radius).

schätzung, von der Moszkowski spricht, nur $R_u \approx \sqrt{\frac{c^2}{G\rho}}$ gelautet haben. Verwendet man den damals ermittelten Wert für die Dichte der Milchstraße (die fast millionenfach größer ist als die des Universums), so erhält man ziemlich genau den von Moszkowski zitierten Wert. Einstein muss also den Zusammenhang $\frac{c^2}{G} \approx \frac{M_u}{r_u}$ gekannt haben, ohne dass er je direkt davon gesprochen hat!

Allerdings ist es nicht leicht, den Zeitpunkt dieser Einsicht zu datieren, die Mozkowski um 1919 aufgeschrieben hat. Er spricht von einem Bezug zu den Sitzungsberichten der Preußischen Akademie der Wissenschaften,[i] der vom 8. Februar 1917 datiert, fügt aber hinzu, dass Einstein damals den Gedanken noch nicht ausgeführt hatte. In diesem relativ bekannten Artikel von 1917 „Kosmologische Betrachtungen zur Allgemeinen Relativitätstheorie“ finden sich nur indirekte Hinweise auf diese Rechnung.

Der Kontext des Artikels – wir besprechen ihn später – deutet aber darauf hin, dass Einstein hier den Zusammenhang $G \approx c^2 \frac{R_u}{M_u}$ ganz anders aufgefasst hat als Schrödinger. Einstein hat offenbar nicht das Gravitationspotenzial mit einbezogen und an dieser Stelle auch keinen Bezug zum Machschen Prinzip deutlich gemacht, obwohl die Ähnlichkeit ins Auge springt. Jene Formel, die die Gravitationskonstante durch das Gravitationspotenzial der entfernten Massen ausdrückt, ist ja nichts anderes als die in quantitative Form gegossene Vermutung, diese Massen seien der Ursprung der Gravitation. An dieser Stelle verfehlte es Einstein, den ganz großen Zusammenhang herzustellen.

---

i http://echo.mpiwg-berlin.mpg.de/ECHOdocuView?url=/permanent/echo/einstein/sitzungsberichte/S250UZ0K

Einstein schätzte Mach …

Dies ist umso bedauerlicher, als Einsteins Wertschätzung für Mach vielfach dokumentiert ist. Leider trafen sich die beiden nur einmal 1911 in Wien. Mach war schon schwerhörig und sie unterhielten sich über Atome anstatt über den Ursprung der Gravitation, was vielleicht fruchtbarer gewesen wäre.

1913 schrieb Einstein einen Brief an Mach,[41] der von höchstem Respekt zeugt. Er spricht davon, dass Machs „geniale Untersuchungen" eine „glänzende Bestätigung" erfahren würden, wenn sich seine Allgemeine Relativitätstheorie als richtig erweise.

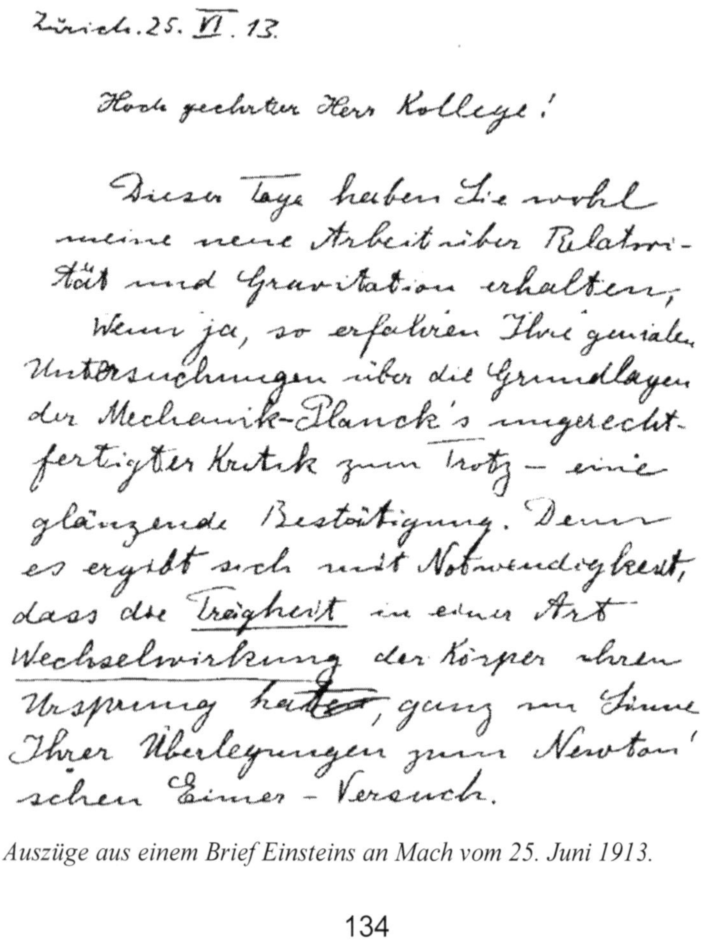
Zürich. 25. VI. 13.

Hoch geehrter Herr Kollege!

Dieser Tage haben Sie wohl meine neue Arbeit über Relativität und Gravitation erhalten. Wenn ja, so erfahren Ihre genialen Untersuchungen über die Grundlagen der Mechanik – Planck's ungerechtfertigter Kritik zum Trotz – eine glänzende Bestätigung. Denn es ergibt sich mit Notwendigkeit, dass die Trägheit in einer Art Wechselwirkung der Körper ihren Ursprung habe, ganz im Sinne Ihrer Überlegungen zum Newton'schen Eimer-Versuch.

Auszüge aus einem Brief Einsteins an Mach vom 25. Juni 1913.

Mach fühlte sich dabei allerdings mehr unverstanden als geehrt. Kurz darauf schrieb er, offensichtlich darauf anspielend, in einem Buch folgendes:

> *„Den mir zugegangenen Publikationen und vor allem meiner Korrespondenz entnehme ich, daß mir langsam die Rolle des Wegbereiters der Relativitätstheorie zugedacht wird. Nun kann ich mir heute ein ungefähres Bild davon machen, welche Umdeutungen und Auslegungen manche der in meiner Mechanik niedergelegten Gedanken von dieser Seite in Zukunft erfahren werden."*

Mit diesem knorrigen Sarkasmus hat Mach sicher übertrieben, aber wahr ist, dass Einstein das Machsche Prinzip eingeschränkter verstanden hat, als es von Mach gedacht war. In einem Artikel in den *Annalen der Physik*[42] spricht Einstein nur davon, dass das „G-Feld" von den Massen bestimmt sein muss, und grenzt sich dabei von anderen „Fachkollegen" ab, die im Gegensatz zu ihm „die Notwendigkeit, das Machsche Prinzip zu realisieren, nicht befürworten". Nur meinte hier Einstein mit „G-Feld" nicht die Gravitationskonstante G, sondern den metrischen Tensor, der natürlich von den lokal umgebenden Massen bestimmt sein muss, ähnlich wie im Fall des Kraftgesetzes. Damit ist aber nicht Machs Gedanke verwirklicht, dass die Ursache der Gravitation in den entfernten Massen liegt.

Vielmehr kommt im metrischen Tensor die Gravitationskonstante in weitgehend herkömmlicher Weise vor, ähnlich wie im Newton'schen Gesetz. Einsteins Gravitationskonstante κ („kappa"), wie sie bezeichnet wird, hat den Wert $\kappa = 8\pi G/c^4$ mit der Einheit 1/N. Somit kann sie eine Energiedichte $Nm/m^3 = N/m^2$ in eine Raumkrümmung verwandeln, die die Einheit $1/m^2$

besitzt.[i] Dass darin eine zusätzliche Subtilität steckt, die auf eine variable Lichtgeschwindigkeit hindeutet, wird erst in Kapitel 8 klar werden.

Obwohl Einstein 1912 noch überzeugt war, das Machsche Prinzip sei essenziell, gestand er später im Hinblick auf die geometrische Fassung von 1915 ein:

> *„Freilich war mir Machs Auffassung bekannt geworden, nach der es denkbar schien, dass der Trägheitswiderstand nicht einer Beschleunigung an sich, sondern einer Beschleunigung gegen die Massen der übrigen in der Welt vorhandenen Körper entgegenwirke. Dieser Gedanke hatte etwas Faszinierendes, aber er bot keine brauchbare Grundlage für eine neue Theorie.“*

… aber in seiner Theorie blieb Mach außen vor

Entgegen der Andeutungen, die Einstein gemacht hat, und entgegen allen Vernebelungen,[ii] denen das Thema bis heute ausgesetzt ist, ist das Machsche Prinzip – leider – in der Allgemeinen Relativitätstheorie nicht enthalten, zumindest nicht vollständig.[iii] Endgültig klar wird das mit einem kleinen Gedankenexperiment:[43] Man stelle sich ein Weltall vor, in dem nur zwei Massen durch gegenseitige Anziehung einander umkreisen. In der herkömmlichen Theorie würde das Fehlen der übrigen Massen keinen Unterschied machen, da die Gravitationskonstante *G* ja als unveränderlich angenommen wird. Berechnet man sie je-

---

[i] Carl Friedrich Gauß definierte die Krümmung einer Fläche erstmals mit zwei zueinander senkrechten Kreisen, deren Bögen sich an die Fläche anschmiegen. Der Kehrwert des Produkts der beiden Radien ist dann die Krümmung.

[ii] Zum Beispiel wird fälschlicherweise der sogenannte Lense-Thirring-Effekt mit dem Machschen Prinzip identifiziert.

[iii] Was auch von Schrödinger 1925 ganz unmissverständlich gesagt wurde.

doch nach dem Zusammenhang $G \approx c^2 \frac{R_u}{M_u}$ bzw. der Schrödinger'schen Formel, so wäre die Anziehungskraft dieser beiden „Planeten" ungleich größer – vergleichbar mit den Kernkräften in Atomen! Dies ist ein weiteres geheimnisvolles Zusammentreffen, auf das wir in Kapitel 9 zu sprechen kommen.

Ohne Zweifel hätte Einstein diese Rechnung, die er in anderem Kontext um 1917 durchführte, direkt in seine Theorie von 1911 eingebaut, hätte er von der wahren Größe des Universums gewusst. Die Geschichte der Kosmologie wäre höchstwahrscheinlich anders verlaufen.

Sicher war Einstein mit den kosmologischen Konsequenzen seiner Theorie nicht vollständig zufrieden. Insbesondere entdeckte er um 1917 (ein Jahr nach Machs Tod), dass die Feldgleichungen der geometrischen Form ein statisches Universum nicht zuließen. Um sein bevorzugtes Modell zu retten, fügte er jene „kosmologische Konstante" Λ (gesprochen: „Lambda") zu seinen Gleichungen hinzu, die zwar das Universum wieder statisch machte, jedoch an einer schweren Unzulänglichkeit litt: Ein Kosmos mit Λ wäre instabil, das heißt jede auch noch so geringe zufällige Störung würde zu einem Explodieren oder Zusammenstürzen des Universums führen.

Aus diesem fehlgeschlagenen Modell rührt offenbar auch die Rechnung her, auf die sich Moszkowski bezogen hatte. Denn bei der Konstruktion von Λ orientierte sich Einstein an den Daten des Universums, die dazu abgeschätzt werden mussten. Der Wert $r = \frac{GM}{c^2}$ wurde dabei als ein unanschaulicher „Krümmungsradius" des Universums verwendet der heute unter der Bezeichnung „Einstein-Radius" bekannt ist. Nach der viel einfacheren Interpretation von Schrödinger handelte es sich um den Radius des Universums selbst![i]

---

[i] Heute versteht man darunter im Wesentlichen diejenige Entfernung, aus der uns Licht erreichen kann, das seit dem Urknall unterwegs ist. Diese

Greift der Forscher auch freudig nach dem zunächst erreichbaren, so schadet ihm gewiss nicht der zeitweilige Blick in die Tiefe des Unerforschten. – Ernst Mach

Mach stirbt einsam

Die Diskussion in der Literatur drehte sich damals vor allem um die Frage, ob das Universum statisch war oder expandiert, wobei überwiegend formal argumentiert wurde, etwa über sogenannte Randbedingungen des Universums in unendlicher Entfernung. Die viel wichtigere Frage nach der Realisierung des Machschen Prinzips ging unter. Schrödinger war von den mathematischen Kapriolen seiner Kollegen in der Kosmologie, die Mach geflissentlich ignorierten, offenbar genervt, und schrieb 1925:

> *„Wegen der begrifflichen Schwierigkeiten, welche diese kosmologischen Theorien immerhin noch darbieten, und nicht zuletzt wegen der mathematischen Schwierigkeiten ihres Verständnisses, ist damit die Lösung einer wichtigen erkenntnistheoretischen Frage, die jedem naturwissenschaftlich Gebildeten sofort einleuchtet, auf ein Gebiet hinübergerückt, auf dem wenige ihr folgen können und auf dem es wirklich nicht leicht ist, sich den klaren Blick für Wahrheit und Dichtung zu bewahren."*

Einsteins Modell von 1917 mit Λ war der Beginn einer langen Reihe von kosmologischen Modellen, die sich bis heute unter mannigfachen Veränderungen der Realität anzupassen bemühen – und daran scheitern. Auch dies ist ein starkes Indiz dafür, dass die im Sonnensystem so erfolgreiche geometrische Version der

---

Definition bleibt auch in der modifizierten Kosmologie gültig, die in Kapitel 10 beschrieben wird.

Allgemeinen Relativitätstheorie kosmologisch betrachtet ein Konstruktionsfehler ist. Als Edwin Hubble (auch Vesto Slipher und Georges Lemaître sollten hier nicht unerwähnt bleiben) 1929 endlich die Rotverschiebung entdeckt hatte, stand Einsteins Lieblingsmodell eines statischen Kosmos vor einem großen Problem.

Vorher hatten schon der niederländische Astronom Willem de Sitter und der russische Mathematiker Alexander Friedmann, ausgehend von den Einstein'schen Gleichungen, Modelle des Kosmos entwickelt, die mit der Interpretation als Expansion verträglich waren. Lange Zeit wurde dabei das sogenannte Einstein-de-Sitter-Modell favorisiert, das unter den zur Verfügung stehenden Alternativen noch eine gewisse Einfachheit für sich reklamieren konnte. Endgültig aufgegeben werden musste dieses Modell durch den Widerspruch zu den Beobachtungen, die heute als „beschleunigte Expansion“ bezeichnet werden; wir werden in Kapitel 11 näher darauf eingehen.

Verhängnisvolle Bewunderung

Es ist im Nachhinein ziemlich unverständlich, warum sich Einstein von seinen Zeitgenossen in Debatten über eine Reihe von letztlich irrelevanten kosmologischen Modellen hineinziehen ließ, anstatt sich an seinen eigenen Vorschlag von 1911 zu erinnern. Offenbar lagen seine damaligen Gedanken schon lange zurück, vor allem aber schien er sich um 1915 ebenso gründlich wie fälschlich davon überzeugt zu haben, dass alle seine vorangegangenen Versuche untauglich gewesen waren. Die Idee der variablen Lichtgeschwindigkeit, die ein so viel einfacheres und zutreffenderes Bild vom Universum hätte geben können, hatte er offenbar völlig vergessen. Und sicher war es auch der Kontakt mit anderen Forschern, die ihm hinterherliefen, der dem Einzelgänger Einstein bei seiner Suche nach den Naturgesetzen nicht gut getan hat. Denn in einem hatte sein Biograph Abraham Pais bei seiner Würdigung der Zeit von 1911 sicher Recht:

„Wissenschaft … war sein Leben, seine Hingabe, seine Zuflucht und die Quelle seiner Bindungslosigkeit. Er war komplett allein in Prag.“ Einsteins kometenhafte Bekanntheit ab 1915 trug dazu bei, dass er von seiner besten Idee abgelenkt wurde.

Wie mathematisch brillant jene vermeintliche Elite der Mathematiker und Astronomen auch gewesen sein mögen, sie waren doch letztlich Trittbrettfahrer auf Einsteins Allgemeiner Relativitätstheorie. Sobald sie mit deren mathematischen Schwierigkeiten gelernt hatten umzugehen, nahmen sie sie unkritisch als Wahrheit hin. Im Glauben an Einsteins Autorität bestärkten sie ihn selbst, an der geometrischen Version festzuhalten, deren wissenschaftliches Überleben für Einstein weit weniger wichtig gewesen wäre als für seine Nachahmer. Friedmann, Lemaître, de Sitter und viele andere wären heute wahrscheinlich ähnlich vergessene Namen wie Max Abraham, wäre Einstein zu seiner Theorie der variablen Lichtgeschwindigkeit zurückgekehrt.

Es hat sehr wenig gefehlt, und Einsteins Theorie von 1911 wäre zu einem Triumph in der Kosmologie geworden, anstatt zu der langen Krankheitsgeschichte der Modellanpassungen, die bis heute fortdauert. Wie wir im nächsten Kapitel sehen, bot sich fünfzig Jahre später noch einmal die Chance dazu.

Kapitel 8

Ein halbes Jahrhundert zu spät

Robert Dickes simple Ergänzung zu Einsteins Idee

Es kommt nicht selten vor, dass große Namen der Physik für Entdeckungen berühmt werden, die sekundär sind im Hinblick auf ihre eigentlich beste Idee. Der amerikanische Astrophysiker Robert Dicke (1918–1997) scheint ein besonders gutes Beispiel dieser Kategorie zu sein. Natürlich ist Dicke in der Fachwelt gut bekannt, aber man würde ihn nicht in eine Reihe mit Schrödinger, Dirac oder Einstein stellen. Vielleicht zu Unrecht.

Robert Henry Dicke (1916-1997) [Emilio Segrè Archives]

Auffallend war seine Vielseitigkeit. Dicke war ein engagierter Experimentator, und legendär ist sein Beitrag beim Aufspüren des Signals, das heute als kosmischer Mikrowellenhintergrund bekannt ist. Während seine Gruppe an einer geeigneten Antenne baute, stellte sich heraus, dass zwei andere Wissenschaftler die Messung bereits gemacht hatten. Sie hatten keine Ahnung von dem Wert ihrer Entdeckung, die Dicke ihnen erst erklären musste, erhielten jedoch den Nobelpreis. Abgesehen von seiner Leistung war sein Verhalten damals von einer Integrität und Kooperativität, die im Wettbewerbsdenken des heutigen Wissenschaftsbetriebes selten geworden ist.

Weniger beachtet wurden Dickes theoretische Arbeiten, obwohl er es war, der erstmals den unverstandenen Zusammenhang $c^2 \approx G\frac{M_u}{R_u}$ (er wird heute „Flachheit“ genannt) unter einem neuen Aspekt betrachtete. Dickes Berechnungen machten den Zusammenhang der Gravitationskonstante G mit dem Universum noch rätselhafter. Dicke hat damit im Grunde gezeigt, dass es sich nicht um Zufall handeln konnte. Theoretiker der „kosmischen Inflation“ haben diese Beobachtung Dickes aus dem Jahr 1969 frech usurpiert und behaupten, die Inflation erkläre sie. Dicke wurde von dem Oberguru der Inflationstheorie, Alan Guth, gerade einmal erwähnt und aus allen folgenden Veröffentlichungen „ausgewaschen“.

Schließlich ist Dicke für eine 1961 entstandene Variation der Allgemeinen Relativitätstheorie bekannt, die unter dem Namen Skalar-Tensor-Theorie oder auch „Brans-Dicke-Theorie“ in der Folge einige Aufmerksamkeit auf sich gezogen hatte. Wie so oft, übersieht man auch hier den Weg, auf dem Dicke zu der Theorie gelangt war – und der ist wesentlich interessanter als die Theorie selbst. Dicke hatte den Schlüssel zu einer Revolution der Kosmologie in Händen, den Einstein verloren hatte.

Dicke publizierte im Jahr 1957 einen Artikel mit dem Titel *Gravitation Without a Principle of Equivalence,* was auf den ersten Blick etwas abstrakt klingt und vielleicht erklärt, warum wenig Notiz davon genommen wurde. Denn der Inhalt ist sensationell: Es handelt sich um Einsteins Theorie der variablen Lichtgeschwindigkeit aus dem Jahr 1911, aber im Gegensatz zu jener erhielt Dicke die richtige Lichtablenkung! Dabei gelangen ihm zwei große Kunststücke: erstens den Fehler Einsteins zu verbessern, der die Verbreitung der Theorie wohl entscheidend gehemmt hatte, und zweitens, noch wichtiger, das von Einstein verehrte Machsche Prinzip einzubauen. Aber der Reihe nach.

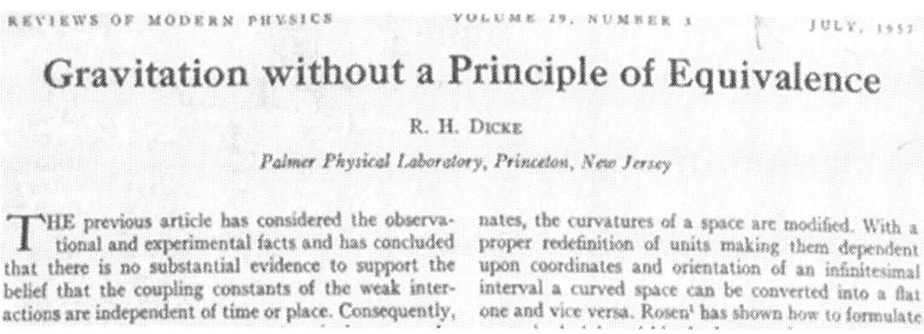
REVIEWS OF MODERN PHYSICS VOLUME 29, NUMBER 3 JULY, 1957

Gravitation without a Principle of Equivalence

R. H. DICKE

Palmer Physical Laboratory, Princeton, New Jersey

THE previous article has considered the observational and experimental facts and has concluded that there is no substantial evidence to support the belief that the coupling constants of the weak interactions are independent of time or place. Consequently,

nates, the curvatures of a space are modified. With a proper redefinition of units making them dependent upon coordinates and orientation of an infinitesimal interval a curved space can be converted into a flat one and vice versa. Rosen[1] has shown how to formulate

Titelseite von Dickes Originalveröffentlichung aus dem Jahr 1957.

Was Einstein vergessen hatte ...

Dicke beginnt mit einer aufschlussreichen Querverbindung zwischen Spezieller Relativitätstheorie und Festkörpern,[i] in denen die Lichtgeschwindigkeit (bzw. Schallgeschwindigkeit) ebenfalls variieren kann. Schließlich zog Dicke die ja nicht fernliegende Parallele zur Optik und gab wie Einstein eine Formel für das Verhältnis der beiden Lichtgeschwindigkeiten in Sonnennähe (c) und Sonnenferne (c_0) an. Wie in der Optik bezeichnete Dicke dies als Brechungsindex n (während Einstein eine Formel

---

[i] Dies hat wiederum zu tun mit der einheitlichen Feldtheorie mit Torsion von Einstein und Cartan 1930 und theoretischen Erkenntnissen der Festkörperphysik in den 1950er Jahren (vgl. *Auf dem Holzweg durchs Universum*, Kap. II 1.)

für $1/n$ angegeben hatte, was zunächst keinen, später aber einen wichtigen Unterschied ausmachen wird). Dickes Formel für den Brechungsindex[44] war also

$$n = \frac{c_0}{c} = 1 + \frac{2GM}{rc^2}$$

Der wesentliche Unterschied zu der Formel, die Einstein ein halbes Jahrhundert vorher publiziert hatte, liegt in dem Faktor 2, der in dem Bruch rechts erscheint; er sorgt dafür, dass man für die Lichtablenkung eines Strahls an der Sonne nicht nur 0,83 Bogensekunden erhält, sondern den doppelten Wert, ca. 1,7 Bogensekunden. So einfach ist das, könnte man sagen, und natürlich hat es Dicke in Kenntnis der Beobachtungen der Sonnenfinsternisse leichter gehabt, zu dem Wert zu gelangen, als Einstein. Der oben erwähnte Unterschied in der Formulierung des Brechungsindex hatte zur Folge, dass Dicke ihn als $n = 1 + x$ schrieb (wobei x eine kleine Zahl ist), während Einstein die Form $1/n = 1 - x$ wählte. Dies scheint fast nichts auszumachen, weil z. B. $0{,}998 \approx \frac{1}{1{,}002}$ gilt, wird sich aber erheblich auswirken.

Dickes großes Verdienst liegt in erster Linie darin, dass er sich von dem konventionellen Formelapparat nicht einschüchtern ließ und mit unvoreingenommener Logik die Messergebnisse beschrieb. Dicke hatte den Mut, an eine Alternative zu denken. Aber wie kam er darauf? Einstein hatte als Ursache der veränderlichen Lichtgeschwindigkeit nur den Gang der Uhren in Betracht gezogen, also variable Frequenzen f. Dicke dagegen erkannte richtig, dass in einem Gravitationsfeld nicht nur alle Uhren langsamer ticken – also Atome langsamer schwingen –, sondern auch die von den Atomen produzierten Wellenlängen kürzer sind. Dies bedeutet, dass in der Formel $c = \lambda \cdot f$ die Verringerung von c im Gravitationsfeld gleichmäßig auf Frequenz f und Wellenlängen λ verteilt ist. Bezeichnet man die entsprechenden Unterschiede mit dem griechischen Buchstaben Delta Δ, so gilt

$$\frac{\Delta c}{c} = \frac{\Delta f}{f} + \frac{\Delta \lambda}{\lambda}$$

was im Wesentlichen das Gleiche ist, als wenn wir wie oben sagen würden

$$\frac{f}{f_0} = \frac{\lambda}{\lambda_0} = \left(1 + \frac{GM}{rc^2}\right)$$

Suggestiv könnte man die Verringerung schreiben als c↓↓ λ↓ f↓, wobei die Pfeile eine relative Verringerung angeben. Dicke hatte im Handumdrehen das große Problem von Einsteins Theorie von 1911 gelöst.

Aber kann man wirklich das schwierige Konzept eines gekrümmten Raumes so einfach mit einer variablen Lichtgeschwindigkeit formulieren? Ja. Raumkrümmung ist nichts anderes als gekrümmte Lichtstrahlen. Ein Lichtstrahl sucht sich den schnellsten Weg, nicht den geometrisch kürzesten. Immer dort, wo die schnellsten Wege nicht geradlinig verlaufen, liegt eine Raumkrümmung vor. Jedes Mal, wenn uns *Google Maps* die schnellste Route auf einer Landkarte zeigt, sehen wir eine analoge Situation: Es handelt sich um das gleiche Optimierungsproblem wie bei einem Lichtstrahl. An jedem Ort (Autobahn, Straße, Feldweg) ist die Geschwindigkeit der Fortbewegung anders, und deshalb spart es Zeit, nicht den geometrisch kürzesten Weg einzuschlagen. Ob im flachen Raum auf dem schnellsten Weg oder in einem gekrümmten Raum auf dem kürzesten, ist also egal. Aber auch diese Erkenntnis sickert nur langsam in die Gehirne der theoretischen Physiker ein, die sich seit langer Zeit an Raumkrümmung gewöhnt haben.

… und was Einstein begeistert hätte

Dass Dicke in der Formel $n = \left(1 + \frac{2GM}{rc^2}\right)$ ein positives Vorzeichen verwendete, wird nun doch wichtig, denn das führte ihn zu einer Betrachtung, die es in sich hat. Dicke schreibt unmittelbar danach: „Offensichtlich ist der Term auf der rechten Seite $\frac{2GM}{rc^2}$ klein im Vergleich zu 1 und hat mit der Anwesenheit der Sonne zu tun. Aber was ist mit dem linken Term mit dem Betrag 1? Könnte es nicht sein, dass er vom Rest des Universums herrührt?“

Dies ist ein ebenso kühner wie klarer Gedanke, dessen suggestive Einfachheit sofort ins Auge springt. Und wegen des Zusammenhangs $c^2 \approx G\frac{M_u}{R_u}$ stimmte Dickes Vermutung im Rahmen der Messgenauigkeit. Er rechnete damals nochmals nach und kommentierte:[i] „Vom Standpunkt des Machschen Prinzips aus betrachtet, ist dies ein höchst befriedigendes Ergebnis.“ Dicke hatte die visionäre Vorstellung Machs, die Präsenz aller Massen im Universum sei die Ursache für Trägheit und Gravitation, nicht nur in eine konkrete Formel umgesetzt, sondern sie auch mit Einsteins Allgemeiner Relativitätstheorie vereinigt.

Es ist mir unverständlich, warum dieses großartige Resultat nicht mehr Aufmerksamkeit erregt hat. Höchstwahrscheinlich, weil Dicke damals noch ein ziemlich unbeschriebenes Blatt war – man traute ihm eine grundlegende Revision der Allgemeinen Relativitätstheorie schlicht nicht zu. Die Leistungen, für die Dicke bekannt werden sollte, kamen sämtlich erst später, und dass er seine Arbeit von 1957 nicht mehr Wellen schlug, lag – leider – auch an ihm selbst. Als ob sich die Tragik von 1911 wiederholen wollte, unterlief auch Dicke an mindestens einer Stelle ein Rechenfehler, der seine Theorie scheinbar nicht mit den Messungen übereinstimmen ließ. Und schließlich erwähnte Dicke nicht, dass er Einsteins Theorie von 1911 verbessert hatte – aus einem einfachen Grund: Er kannte sie nicht! Obwohl Dicke Einstein nicht explizit erwähnt hat, erschien es mir lange Zeit fast als unmöglich, dass Dicke seine so ähnliche Formel

---

[i] Ganz ähnliche Worte über den Bezug zu Mach hatte Schrödinger 1925 gefunden. Natürlich wusste Dicke nichts von Schrödingers Überlegungen.

ohne Kenntnis der alten Idee Einsteins aufgestellt haben könnte – schließlich nahm Dicke ja sogar Bezug auf Ernst Mach.

Isolierte Gedankenperlen

In einem E-Mail-Wechsel, den ich mit Dickes späterem Mitarbeiter Carl Brans hatte, bestätigte mir dieser aber ausdrücklich, dass Dicke völlig ahnungslos war, dass er den gleichen Ansatz wie Einstein verfolgt hatte.[i] Hätte Dicke sich in seinem Artikel 1957 auf Einstein berufen, wäre es ganz sicher zu einer breiteren Diskussion gekommen.

Weil wir aus gegebenem Anlass neben den Inhalten auch die historische Entwicklung betrachten, muss hier noch einem Forscher Gerechtigkeit widerfahren, der wie Einstein, Schrödinger und Dicke ebenfalls die Verbindung zwischen der Lichtgeschwindigkeit, der Gravitationskonstante und dem Universum hergestellt hatte: Der britisch-ägyptische Kosmologe Dennis Sciama (1926–1999). Sciama hatte, ganz im Sinne von Ernst Mach, im Jahr 1953 in einem Artikel *On the Origin of Inertia*[45] ebenfalls eine Formel[ii] für *G* vorgeschlagen, die an Einstein anknüpfte:

$$G\frac{m_1}{r_1} + G\frac{m_2}{r_2} + G\frac{m_3}{r_3} + \cdots \sum_i G\frac{m_i}{r_i} = c^2$$

Mathematiker, die schreibfaul sind, kürzen eine Summe wie die vielen Terme links mit einem griechischen Σ ab (gesprochen:

---

i Carl Brans und Robert Dicke passten eigentlich nicht gut zusammen. Brans hatte nach eigener Aussage eine Doktorarbeit in theoretischer Physik gesucht und wollte eigentlich zu Charles Misner gehen, von dem er jedoch an Dicke weitergeleitet wurde. Es ist ungefähr so, als wenn ein Komponist unbedingt bei Salieri studieren will und dann enttäuscht ist, bei Mozart gelandet zu sein.

ii Schrödinger hatte diese nicht als Summe, sondern als Integral (eine Summe mit unendlich kleinen Summanden) geschrieben, was aber nichts Prinzipielles ändert. Ebenso tut nichts zu Sache, dass es in der Publikation definitionsgemäß mit einem negativen Vorzeichen geschrieben ist.

„Summe über alle *i*…“). In Sciamas Formel kommt also die Summe über alle Gravitationspotenziale vor und auch die Vermutung, diese Summe sei genau c^2. Allerdings hatte Sciama dabei eher G im Sinn, als die Variabilität von c hervorzuheben. Sciama sah dies als Abschätzung, und die Übereinstimmung mit Dickes Theorie erfordert noch einen Faktor 4 bei G.[i] Faszinierend ist aber auch hier, dass sich ein weiterer Denker ganz unabhängig mit der gleichen Idee befasst hatte. Sciama wusste nichts von Einsteins Artikel aus dem Jahr 1911, und Dicke wusste von beiden nichts!

Dennis Sciama (1926–1999)

Sciamas Idee legt nahe, der Darstellung der Gravitationskonstanten noch eine etwas andere Form zu geben, die wir am Ende des Kapitels näher begründen. Verwendet man nicht Newtons Gravitationskonstante G, sondern die in Kapitel 6

[i] Wichtig ist hier der grundsätzliche Zusammenhang. Sciama hatte den Faktor 1, Schrödinger den Faktor 2 vermutet, während sich aus dem Einstein-Radius der Faktor 3 ergäbe.

erwähnte Einstein'sche Konstante $\kappa = 8\pi G/c^4$ (mit der Einheit 1/N), dann ergibt sich anstatt Sciamas Zusammenhang

$$4\,G \sum \frac{m_i}{r_i} \approx c^2$$

(der auch als Formel für die Gravitationskonstante G gesehen werden kann) einfach $c^2 = \frac{2\pi}{\kappa \sum \frac{m_i}{r_i}}$ oder sogar $\kappa \sum \frac{m_i}{r_i} = \frac{2\pi}{c^2}$. Die Bedeutung dieser Umformulierung liegt darin, dass nun die Abnahme der Lichtgeschwindigkeit in der Nähe von Massen direkt zu erkennen ist. Damit wäre κ im Gegensatz zu G zu einem reinen Umrechnungsfaktor von Einheiten geworden. Es eröffnet sich so die Möglichkeit, Massen nur über ihre Trägheit mit der Einheit s^2/m zu definieren, was in Kapitel 11 noch angesprochen wird.

ON THE ORIGIN OF INERTIA

D. W. Sciama

(Received 1952 August 20)*

Summary

As Einstein has pointed out, general relativity does not account satisfactorily for the inertial properties of matter, so that an adequate theory of inertia is still lacking. This paper describes a theory of gravitation which

Titelseite von Sciamas Originalveröffentlichung 1953.

Alles schon dagewesen

Vielleicht muss ich noch ein bisschen ausholen, um Ihnen die Begeisterung verständlich zu machen, die Sciamas Formel in mir auslöst. Erkenntnisse prägen sich besonders dann in unser Gehirn ein, wenn sie auf einen Keim treffen, der durch eigene Überlegungen schon angelegt war. Mit dem Ursprung der Naturkonstanten beschäftigte ich mich schon ziemlich lange, und seit einer Konferenz über die Gravitationskonstante in Pisa im Jahr 2002 interessierte mich G besonders. Am besten kann ich bei Bergwanderungen über Physik nachdenken, wenn ich mich nur langsam fortbewege und Zeit für kurze Rechnungen zwischendurch bleibt. Ich erinnere mich, dass ich im Juni 2003 im Trentino auf diese Weise einen vollen Tag lang ergebnislos über die elektrodynamischen Kontanten α und e gegrübelt hatte. Etwas frustriert nahm ich mir für den nächsten Tag, auf einem abgelegenen Pfad über dem Idrosee, Probleme der Gravitation vor und beschloss, dabei alle Vorurteile über Bord zu werfen und ganz von vorne anzufangen.

Die Einheiten $\frac{\mathrm{m}^3}{\mathrm{s}^2\,\mathrm{kg}}$ der Gravitationskonstante G schrien förmlich danach, dass die Lichtgeschwindigkeit c^2 darin vorkam, und ich entschied, die Hypothese zu verfolgen. Was blieb über, wenn man $\mathrm{m}^2/\mathrm{s}^2$ herausrechnete? Das Ergebnis Meter pro Kilogramm sträubte sich gegen eine vernünftige Interpretation. Wenn man das Machsche Prinzip anwenden wollte, mussten sich ja irgendwie alle Massen m_i im Universum in einer Formel mit der Einheit m/kg zusammentun, in gleichartiger Weise. Ich schrieb in mein Notizbuch die Summe $\sum \frac{r_i}{m_i}$, mir fiel aber sofort die Unsinnigkeit auf – größere Massen hätten dann ja weniger Einfluss. Kurz nachdem ich die Formel halb verärgert durchgekritzelt hatte, fiel es mir aber wie Schuppen vor den Augen: Man konnte ja auch den Kehrwert $1/\sum \frac{m_i}{r_i}$ betrachten. Die so geschriebene Summe stellt ja praktisch das Gravitationspotenzial des Universums dar – bis auf den Faktor G. Das heißt, das Gravitationspotenzial des Universums wäre nichts anderes als das Quadrat der Lichtgeschwindigkeit!

Dieser Gedanke übte eine überwältigende Anziehungskraft auf mich aus, aber gleichzeitig war mir auch klar, dass eine solch einfache Formel schon irgendwo publiziert sein musste. Ungeduldig fuhr ich vorzeitig aus dem Wanderurlaub zurück und ergoogelte unterwegs, an einem Internetzugang der Universität Innsbruck, Sciamas Artikel aus dem Jahr 1953. Wenig später fand ich durch Glück auch das Paper von Dicke. Es war also kein Hirngespinst! Aber ich wunderte mich doch, wie selten diese Artikel zitiert wurden. In der Flut der Veröffentlichungen zum Kosmologischen Standardmodell gehen sie praktisch völlig unter.

Die klassischen Tests

Kommen wir nun wieder zu unserem Hauptthema zurück. Ist der Ansatz von Dicke 1957 also wirklich gleichwertig zu Einsteins Allgemeiner Relativitätstheorie? Um den Wert von Dickes Entdeckung zu beurteilen, schauen wir uns an, worin die Übereinstimmung der Allgemeinen Relativitätstheorie mit der Beobachtung besteht.

Es gibt vier sogenannte klassische Tests der Theorie, bezeichnet als Lichtablenkung, Gravitationsrotverschiebung, Radarechoverzögerung und Perihelverschiebung des Planeten Merkur.

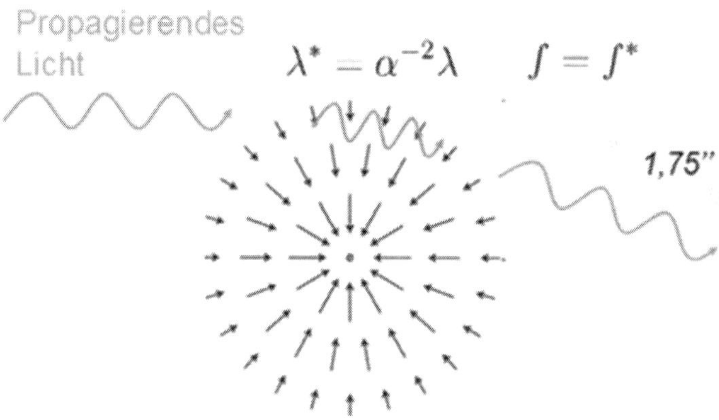

Schematische Darstellung der Lichtablenkung an der Sonne. Sie ergibt sich unter der Annahme, dass die Lichtgeschwindigkeit c in der Nähe der Sonne um den Faktor $\alpha^2 = 1 + \frac{2GM}{rc^2}$ verringert ist (M Masse der Sonne, r Abstand von ihrem Mittelpunkt, G Gravitationskonstante). Wie in der konventionellen Optik wird daher das Licht in Richtung des geringeren c abgelenkt. Die Größen λ und f mit Stern (*) sind im Gravitationsfeld, ohne außerhalb.

Den ersten kennen wir bereits, es handelt sich um jene bei den Sonnenfinsternissen von 1919 erstmals beobachtete Ablenkung des Sternlichts an der Sonne um den winzigen Betrag von etwa 1,7 Bogensekunden. Der Effekt ist durch moderne Beobachtungen vielfach bestätigt und bis zu einer Genauigkeit von 0,1 Prozent verfeinert worden.[46] Einsteins Analogiebetrachtung von 1911 beschreibt den Effekt korrekt, wenn man Dickes Brechungsindex $\alpha^2 = 1 + \frac{2GM}{rc^2}$ verwendet.

Die Gravitationsrotverschiebung hingegen kann herkömmlich verstanden werden als Energieverlust eines Photons, welches ein Gravitationsfeld verlässt, und dessen Farbe damit ins Rote verschoben erscheint.[i] Er wurde 1969 erstmals in einem spektakulären Experiment[47] nachgewiesen und auch 1972 direkt im Sonnenlicht beobachtet.[48]

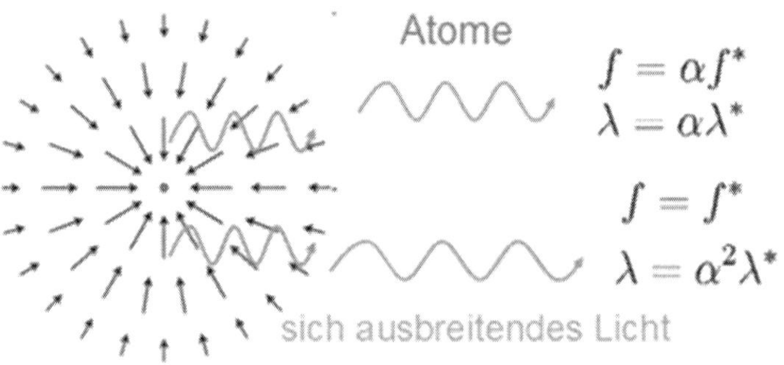

Veranschaulichung der Gravitationsrotverschiebung. Atome außerhalb des Gravitationsfeldes emittieren Licht mit jeweils um den Faktor α vergrößerter Wellenlänge und Frequenz. Andererseits muss Licht, das das Gravitationsfeld verlässt, seine Frequenz f beibehalten, sodass sich die gesamte Änderung der Lichtgeschwindigkeit c wegen des Zusammenhangs $c = \lambda \cdot f$ in der Wellenlänge λ niederschlagen muss. λ des ankommenden

---

[i] Wegen $E = hf = hc/\lambda$ wird λ größer.

Lichts ist daher um einen weiteren Faktor α größer als die Wellenlänge der Atome und erscheint daher rotverschoben.

Die Beschreibung in Dickes Theorie der variablen Lichtgeschwindigkeit wird auch leicht verständlich, wenn man sich bewusst macht, dass im Gravitationsfeld nicht nur die Frequenzen f, sondern auch die Wellenlängen λ erniedrigt sind, in unserer symbolischen Schreibweise $c\downarrow\downarrow$ $f\downarrow$ $\lambda\downarrow$. Allerdings ist zu beachten, dass Licht, das in einem Gravitationsfeld – also in einem Gebiet mit örtlich veränderlicher Lichtgeschwindigkeit – unterwegs ist, seine Frequenz nicht ändert, ganz wie in der konventionellen Optik. Eine andauernde Lichtquelle, die regelmäßige Wellen aussendet, würde sonst „aus dem Takt kommen", die Wellenform würde durch Sprünge zerstört. Wenn aber Licht aus einem Gravitationsfeld mit doppelt erniedrigter Lichtgeschwindigkeit entkommt und seine Frequenz nicht ändert, geht der Zuwachs allein auf die Veränderung der Wellenlänge zurück. Diese doppelt erhöhte Wellenlänge ist dann noch länger als die der vergleichbaren Atome außerhalb des Gravitationsfeldes und wird daher als rotverschoben wahrgenommen.

Während diese Effekte schon zu Anfangszeiten der Allgemeinen Relativitätstheorie bekannt waren, schlug der amerikanische Physiker Irwin I. Shapiro 1964 einen weiteren einfachen Test vor: Lichtstrahlen, die sich an Massen vorbeibewegen, werden nicht nur abgelenkt, sondern kommen auch später an. Einstein konnte natürlich nicht ahnen, dass eine solche Messung je möglich werden konnte, aber die in den 1960er Jahren entwickelte Radartechnik (Radar ist ebenso wie Licht eine elektromagnetische Welle) erlaubt es, Signale von der Erde zur Venus zu schicken und das reflektierte Signal zu detektieren. Die nahe an der Sonne vorbei laufenden Signale zeigten eine Verzögerung von ca. 200 Mikrosekunden, wie von der Allgemeinen Relativitätstheorie vorhergesagt. Dieses Resultat lässt sich sehr anschaulich in der Formulierung der variablen Lichtgeschwindigkeit verstehen: Der Lichtstrahl war ja durch ein Gebiet mit geringerem *c* gelaufen und hatte infolgedessen „Verspätung".

Schema der Radarechoverzögerung nach Shapiro, die sich im Rahmen der variablen Lichtgeschwindigkeit besonders leicht erklärt. Da ein Lichtstrahl ein Gebiet mit verringertem c durchläuft, kommt er später an.

Scheinbar knapp daneben

Diese Resultate ergaben sich für Dicke ganz zwanglos; anders lag der Fall bei der Perihelverschiebung, einer winzigen Drehung der Bahnellipse des Planeten Merkur, die seit 1859 bekannt war. Da es sich nicht um Licht, sondern um einen materiellen Körper handelt, ist dieser vierte Test der Allgemeinen Relativitätstheorie qualitativ verschieden von den übrigen und schwerer herzuleiten. Dicke schreibt es in seinem Artikel von 1957 nicht ausdrücklich, aber möglicherweise war er nicht zum richtigen Ergebnis gekommen. Dafür gibt es nur einen indirekten Hinweis in einem Artikel eines anderen Autors,[49] der behauptet, Dicke habe ihm mitgeteilt, der Effekt der Perihelverschiebung habe nur 5/6 des erforderlichen Wertes ergeben. Es scheint jedoch, dass Dicke sich hier verrechnet hat, wie übrigens auch an einer weiteren Stelle, die wir noch besprechen. Spätere Veröffentlichungen haben die korrekte Perihelverschiebung auch mit der variablen Lichtgeschwindigkeit erhalten.[50]

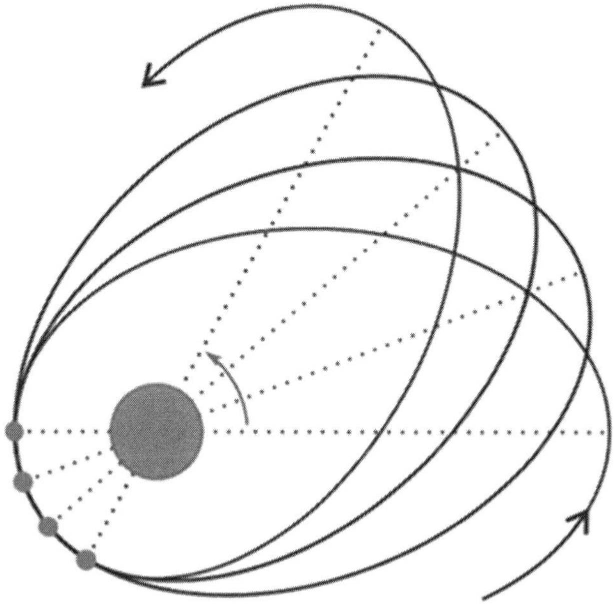

Veranschaulichung der Perihelverschiebung des Planeten Merkur. Die Bahnellipse verschiebt bei jedem Umlauf um eine Winzigkeit ihre Position. Während ein Großteil dieser Verschiebung auf den Einfluss anderer Planeten zurückzuführen ist, bleibt ein Rest von 43 Bogensekunden pro Jahrhundert, den die Allgemeine Relativitätstheorie erklärt.

Eine besonders verständliche Darstellung, die sogar auf Deutsch erschienen ist, sei hier besonders erwähnt. 1960 erschien in den *Annalen der Physik* ein Artikel der Physiker Dehnen, Hönl und Westphal, ersterer für lange Zeit Professor für theoretische Physik in Konstanz. Unter dem Titel *Ein heuristischer Zugang zur allgemeinen Relativitätstheorie* stellen die Autoren – ohne übrigens Dickes Artikel zu kennen – eine Liste von Größen auf, die sich durch die variable Lichtgeschwindigkeit ebenfalls ändern. Bevor wir diese Einzelheiten angehen, noch ein Wort dazu, warum auch dieser Artikel kaum Aufmerksamkeit erregt hat. Anstatt ihren originellen Ansatz zur variablen Lichtgeschwindigkeit gebührend zu würdigen, werten die Autoren ihn schon in der Einleitung ab:

> *„Es soll jedoch ausdrücklich gesagt werden, daß – was eigentlich selbstverständlich ist – die Aufstellung allgemein-kovarianter Feldgleichungen durch Einstein und das Aufsuchen von Lösungen derselben dem hier angegebenen Verfahren natürlich weit überlegen ist, was sich schon allein darin zeigt, dass unsere Methode allein physikalische Effekte erster und allenfalls zweiter Ordnung[i] wiedergeben kann."*

Dabei leistet der Artikel nicht weniger, als alle bekannten Tests der Theorie mit der variablen Lichtgeschwindigkeit zu erklären! Worin die „weite Überlegenheit" der geometrischen Methode bestehen soll, fragt sich der Leser, denn Tests, die genauer sind als die erste und zweite Ordnung, gibt es bis heute nicht. Man mag in der einleitenden Bemerkung einen Ausdruck der Bescheidenheit der Autoren sehen, aber vielleicht auch ein Zeichen eines vorauseilenden Gehorsams gegenüber der herrschenden Meinung der theoretischen Physik, der nicht einmal die eigene Entdeckung gebührend zu würdigen weiß. Schon 1960 war es offenbar für etablierte Wissenschaftler unschicklich, die Allgemeine Relativitätstheorie nebst ihrem Absolutheitsanspruch in Frage zu stellen. Dass sie eine Idee Einsteins aufgegriffen hatten, war Dehnen und seinen Mitautoren nicht bekannt!

Eine Welt ohne feste Maßstäbe

Weil es für die Kosmologie enorm wichtig werden wird, sei hier die „Physik der veränderten Maßstäbe" beschrieben, die von

---

[i] Da bei vielen physikalischen Problemen die exakte Lösung nicht bekannt ist, gibt man Näherungen an. Je höher deren Ordnung, desto näher liegt sie am richtigen Ergebnis.

Dicke und den deutschen Forschern unabhängig entwickelt wurden. Oben wurde schon erwähnt, dass sich aufgrund des Zusammenhangs $c = \lambda \cdot f$ eine Variabilität der Lichtgeschwindigkeit c sowohl auf die Frequenzen f als auch auf die Wellenlängen λ von Atomen auswirkt (wir führen dazu wieder den Faktor $1 + \frac{GM}{rc^2}$ ein, den wir als α abkürzen).

Damit sind aber automatisch alle Zeit- und Längenmessungen betroffen. Man kann sich also vorstellen, dass damit jede physikalische Einheit wie Meter oder Sekunde einer Veränderlichkeit unterliegt. Da zum Beispiel alle Geschwindigkeiten in Relation zur Lichtgeschwindigkeit bzw. mit den lokalen Einheiten Meter und Sekunde gemessen werden, sind *alle* Geschwindigkeiten in einem Gravitationsfeld verringert, und zwar in zweifacher Weise (weil Frequenzen f und Wellenlängen λ beitragen).[i] Entsprechendes gilt für Beschleunigungen, die wegen der Einheit m/s^2 in dreifachem Maße verringert sind. Da nach dem Newton'schen Gesetz $a = F/m$ die Massen umgekehrt proportional zu den Beschleunigungen sind, nehmen die Massen im Gravitationsfeld scheinbar *zu*, nämlich um den dreifachen Betrag, wie Dehnen et al. und Dicke übereinstimmend feststellen. Anschaulich kann man sich vorstellen, dass in einer Umgebung, in der alle Prozesse langsamer ablaufen, die Trägheit von Massen erhöht zu sein scheint.[ii]

Praktisch alle Begriffe unterliegen dieser Veränderlichkeit, denn jede Formel der Physik muss ja ihre Gültigkeit behalten, etwa auch das berühmte $\varepsilon_0\mu_0 = 1/c^2$ in der Elektrodynamik. Auch

---

i Wir betrachten hier nur die sogenannte erste Näherung von relativ schwachen Gravitationsfeldern, was jedoch für sämtliche astronomische Daten ausreicht. Das bedeutet konkret, dass der Faktor α sich nicht sehr von 1 unterscheidet. In diesem Fall gilt zum Beispiel näherungsweise $1{,}01 \cdot 1{,}01 \approx 1{,}02$ oder $1/1{,}03 \approx 0{,}97$ usw. oder allgemein $\alpha^n - 1 = n(\alpha - 1)$.

ii Natürlich nehmen wir diese Veränderung der Maßstäbe in der Regel nur indirekt wahr.

diese „elektrischen" Größen, ebenso wie die Ladung, werden scheinbar veränderlich, was wir hier aber ausklammern.

Größe		**Einheit**	**Faktor**	**Bsp.**	
Lichtgeschwindigkeit	c	m/s	α^{-2}	0,98	↓↓
Wellenlänge	λ	m	α^{-1}	0,99	↓
Frequenz	f	1/s	α^{-1}	0,99	↓
Geschwindigkeit	v	m/s	α^{-2}	0,98	↓↓
Beschleunigung	a	m/s²	α^{-3}	0,97	↓↓↓
Träge Masse	m	kg	α^{3}	1,03	↑↑↑

Übersicht über die räumlichen Abhängigkeiten von Größen in einem Gravitationsfeld. Jede physikalische Einheit wie Meter oder Sekunde ist veränderlich; dies setzt sich auf alle Begriffe fort. Im Beispiel wurde α = 1,01 gewählt, die angegebenen Faktoren in der vierten Spalte geben an, wie sich die jeweilige Größe verändert.

Eigentlich sollte alles klar sein ...

Aus der im Gravitationsfeld erhöhten Trägheit der Massen leiten Dehnen et al. eine Perihelverschiebung her, die dem gemessenen Wert entspricht. Das Problem ist also eigentlich gelöst. Die Mehrzahl der Physiker kennt aber diesen Zugang nicht oder glaubt zumindest nicht an die Vollständigkeit – es sieht schlicht zu einfach aus.

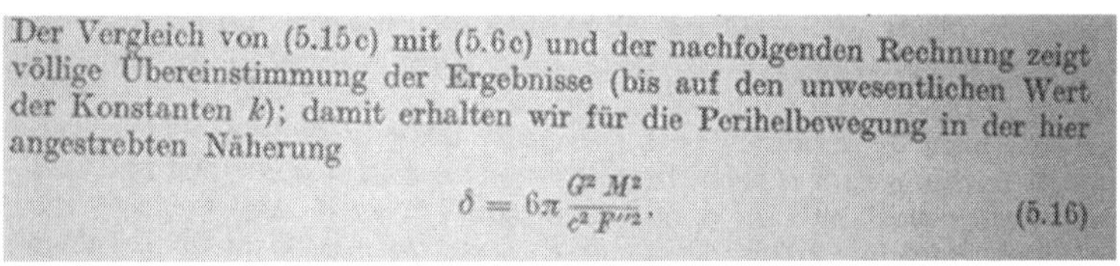
Der Vergleich von (5.15c) mit (5.6c) und der nachfolgenden Rechnung zeigt völlige Übereinstimmung der Ergebnisse (bis auf den unwesentlichen Wert der Konstanten k); damit erhalten wir für die Perihelbewegung in der hier angestrebten Näherung

$$\delta = 6\pi \frac{G^2 M^2}{c^2 P'^2}. \qquad (5.16)$$

Nach längeren Rechnungen erhalten Dehnen et al. die bekannte Formel für die Perihelverschiebung (S. 396).

Dabei ist die Tatsache der lokal unterschiedlichen Lichtgeschwindigkeit sogar in alle konventionellen Lehrbücher eingesickert, auch wenn sie dort meist als „lokale Koordinatengeschwindigkeit ohne physikalische Bedeutung“ bezeichnet wird. Der belgische Physiker Jan Broekaert hat in einem ausgezeichneten Artikel,[51] der die Gleichwertigkeit der variablen Lichtgeschwindigkeit ganz allgemein zeigt, auch die bekanntesten Lehrbücher der Allgemeinen Relativitätstheorie zitiert, in denen sämtlich von der Variabilität von c die Rede ist. Es fehlt nur die meist die einfache Aussage: Gravitation ist nichts anderes als variable Lichtgeschwindigkeit.

Sehr schön lässt sich in dem Modell der veränderlichen Maßstäbe übrigens der Ursprung der alltäglichen Energieformen potenzielle und kinetische Energie darstellen. Kinetische Energie ist nach der Speziellen Relativitätstheorie einfach eine Zunahme der Masse in der Formel $E = mc^2$. Potenzielle Energie erklärt sich hier[i] ebenso einfach mit einer Zunahme von c^2.

Damit könnte man das Thema vorläufig abschließen und Dicke hätte sich zufrieden geben können, die allgemeinrelativistischen Effekte dargestellt zu haben. Wenn allerdings Massen wirklich die Lichtgeschwindigkeit beeinflussen, dann hätte dies noch eine weitere unheimliche Konsequenz. Da uns seit dem Urknall ja immer neue Lichtsignale von bis dato unbekannten Massen erreichen, müsste die Lichtgeschwindigkeit nicht nur eine Funktion des Ortes sein, wie Einstein betont hatte, sondern sich auch mit der *Zeit* ändern. Dies als erster erkannt zu haben, ist Dickes Verdienst, und die möglichen revolutionären Konsequenzen für die Kosmologie betrachten wir in den beiden folgenden Kapiteln.

Für den noch mehr im Detail interessierten Leser sei hier aber noch eine weitere Formulierung vorgestellt, die die Abhängigkeit der Lichtgeschwindigkeit von den Massen direkt angibt.

---

[i] Quantitativ ist noch eine kleine Subtilität dabei, nach der nur ein Anteil von 1/4 zur potenziellen Energie beiträgt (weil 3/4 der Massenzunahme inhärent durch Trägheit bedingt ist), aber dies tut im Prinzip nichts zur Sache.

Daraus folgt dann wiederum der Term für die Gravitationskonstante, den Sciama und Dicke schon angegeben hatten. Formuliert man diesen Gedanken nochmals mit einigen bekannten Theoremen der Vektoranalysis um, so wird auch klar, dass die Theorie der variablen Lichtgeschwindigkeit auch formal große Ähnlichkeit mit den Einstein'schen Gleichungen hat.

Da diese Bemerkungen deutlich mehr mathematische Vorkenntnisse als bisher erfordern, können Sie ohne Schaden für das weitere Verständnis auch sofort zu Kapitel 9 springen, wo ein weiterer großer Denker vorgestellt wird, dessen Arbeiten Bezug zu Einsteins Idee haben, ohne dass dies bis heute bekannt wäre – Paul Dirac.

Von Newtons Gesetz zu den Einstein'schen Gleichungen: Herleitung des Newton-Gesetzes aus der Sciama-Dicke-Formel für die Lichtgeschwindigkeit.

Wenden wir uns diesen technischen Dingen zu, so ergibt sich aus dem Ansatz $c^2 = \frac{1}{\kappa \sum \frac{m_i}{r_i}}$ zwanglos das Newton'sche Gravitationsgesetz ($\kappa = 8\pi G/c^4$ ist die Einstein'schen Konstante). Da das Gravitationspotenzial φ nach der Sciama-Formel $\frac{1}{4}\, c^2$ ist, erhält man durch Differenzieren die lokale Beschleunigung

$$g = -\nabla\varphi = -\nabla \tfrac{1}{4}\, c^2 = -\nabla \frac{\pi}{2\kappa \sum \frac{m_i}{r_i}}\,.$$

(Der Operator ∇ „Nabla" bedeutet eine Ortsableitung.)

Durch die Anwendung der Kettenregel des Differenzierens erhält man

$$g = \frac{\pi}{2\kappa(\sum \frac{m_i}{r_i})^2} \sum \frac{m_i}{r_i^2} = \frac{c^2}{4 \sum \frac{m_i}{r_i}} \sum \frac{m_i}{r_i^2} = G \sum \frac{m_i}{r_i^2}$$

Hier taucht plötzlich das quadratische Abstandsgesetz Newtons auf. Im zweiten Schritt wurde für c^2 der Term $\frac{2\pi}{\kappa \sum \frac{m_i}{r_i}}$ eingesetzt, am Ende $\frac{c^2}{4 \sum \frac{m_i}{r_i}}$ mit der Gravitationskonstante G identifiziert, so wie es Sciama und Dicke vermutet hatten.

Diese Rechnung hat aber noch nicht viel gemein mit der Form der Einstein'schen Gleichungen. Es zeigt sich jedoch, dass sich die Beziehung $c^2 = \frac{2\pi}{\kappa \sum \frac{m_i}{r_i}}$ mit ein paar Umformungen aus der Vektoranalysis auf eine Weise geschrieben werden kann, die sehr an die Einstein'schen Gleichungen erinnert.[52] Diese sehr originelle Idee hatte Jan Preuss, ein ehemaliger Schüler von mir, und sie führt unmittelbar zu der einfachen und äußerst suggestiven Form

$$-c^2 \Delta \frac{1}{c^2} = w,$$

in welcher der in Kapitel 6 erwähnte Laplace-Operator Δ vorkommt. Der Laplace-Operator ist aber nichts anderes als der Einstein-Tensor, wenn man bei den Ableitungen die Krümmung berücksichtigt („kovariante Differenziation").

Rechts steht, wie in der konventionellen Formulierung der Allgemeinen Relativitätstheorie, eine Raumkrümmung mit der Einheit $1/\mathrm{m}^2$, die durch zweifaches Differenzieren nach dem Ort (Laplace-Operator) entstanden ist. Insofern ist gerade auch in der variablen Lichtgeschwindigkeit eine „Geometrisierung" der Gravitation enthalten.

Ich hoffe, dass ich Sie durch dieses technische Zwischenspiel nicht zu sehr abgeschreckt habe. Sie können später diese Dinge immer noch vertiefen, wenn Sie wollen.

Kapitel 9

Das Genie, das nicht mit Einstein sprach

Warum Paul Diracs Hypothese der großen Zahlen Einstein elektrisiert hätte

Wissenschaftsgeschichte ist keine Kette von Ereignissen, sondern vielmehr ein Netz miteinander verwobener Überlegungen, deren Verbindungen schwer gleichzeitig zu fassen sind. Bevor in Kapitel 10 das ganze Ausmaß der Einstein'schen Idee klar wird, die Dicke so genial ergänzt hatte, stößt noch eine weitere Geistesgröße zu den beiden, deren Gedanken sich in überraschender Weise mit der variablen Lichtgeschwindigkeit vereinen: Paul Dirac.

Der schweigsame Engländer, ebenso Einzelgänger wie Einstein, spielte eine besondere Rolle unter den Gründervätern der Quantenmechanik. 1926 existierten zwei rivalisierende Formen der neuen Theorie der Atome, Werner Heisenbergs Matrizenmechanik und Erwin Schrödingers Wellengleichung. Dirac konnte zeigen, dass es sich um äquivalente Formulierungen handelte, eine Leistung, die man wahrscheinlich nur damals adäquat würdigen konnte, als sich die Versionen als unvereinbare Formalismen gegenüberstanden. Dirac entwickelte darüber hinaus aber noch eine Gleichung, die Einsteins Spezielle Relativitätstheorie in die Quantenmechanik einbrachte und so eine rätselhafte Eigenschaft des Elektrons, den „Spin“, beschrieb. Für diese Entwicklung der „Dirac-Gleichung“ erhielt er 1933 zusammen mit Schrödinger den Nobelpreis.

Der Zahlenversteher

Seine allergrößte Leistung liegt indes woanders. Sie ist zwar nicht komplett vergessen, jedoch in ihren Konsequenzen weit unterschätzt. Es handelt sich um eine Vermutung über einen Zusammenhang zwischen Kosmologie und Teilchenphysik, die als *Large Number Hypothesis* bekannt ist. Anders als viele moderne Vereinigungsfantasien stützt sich Diracs Überlegung auf eine handfeste Beobachtung, als er nach reinen Zahlen suchte, die in der Physik als Messwerte auftauchten.

Paul Adrien Maurice Dirac (1902–1984)

Zum Beispiel gibt es das Massenverhältnis Proton-Elektron von 1836,15… das bis heute einer Erklärung harrt.[i] Dieses Problem war übrigens Antrieb zur Entwicklung der Dirac-Gleichung gewesen – Dirac selbst betrachtete seinen Nobelpreis als Nebenprodukt und hörte nicht auf, die noch größere fundamentale Wichtigkeit dieser Fragen zu betonen.[53] Ebenso hatte es ihm die mysteriöse Feinstrukturkonstante 1/137,035999 angetan – manch junger Physiker, der im Gespräch das nötige Problembewusstsein vermissen ließ, wurde von ihm mit den Worten abgefertigt: „Kommen Sie wieder, wenn Sie diese Zahl berechnet haben!"

Hier geht es um eine noch merkwürdigere Zahl. Edwin Hubbles Entdeckung der kosmologischen Rotverschiebung, die zu einer ersten Abschätzung der Größe des Universums führte, brachte eine Wende in Diracs wissenschaftlicher Tätigkeit. Er begann, auch über die größten Strukturen im Universum nachzusinnen, was ihn zur Hypothese der großen Zahlen führte. Indem Hubble die Distanz von Galaxien durch ihre Fluchtgeschwindigkeit teilte, erhielt er eine Zeit, die das ungefähre Alter des Universums angibt. Geht man von der konventionellen Modellannahme aus, ist die größte Entfernung im Kosmos daher die entsprechende Zahl in Lichtjahren.[ii]

Dirac hatte bereits jahrelang über die Frage gegrübelt, warum die elektrische Kraft im Universum so ungleich größer als die Gravitationskraft ist. Dabei sind die Kraftgesetze von ganz ähnlicher Struktur: Newtons quadratisches Abstandsgesetz $F_G = \frac{GMm}{r^2}$ spiegelt sich im Coulomb'schen Gesetz der elektrischen Anziehung wider, nur hängt die Coulomb-Kraft statt von den

---

[i] Wenn man von der unsinnigen „Erklärung" durch das sogenannte Higgs-Feld absieht.

[ii] Das Modell macht noch weitere Annahmen, die hier nicht von Interesse sind.

Massen von den Ladungen Q und q ab: $F_e = \frac{Qq}{4\pi\varepsilon_0 r^2}$. Anders als bei der Gravitation (beschrieben durch G) wird die Stärke der elektrischen Kraft durch den Wert der Naturkonstanten $\frac{1}{4\pi\varepsilon_0}$ bestimmt. Wie groß ist also das Verhältnis der beiden Kräfte in einem Wasserstoffatom, in dem sich Elektron und Proton mit den Massen m_e und m_p umkreisen? Bildet man den Quotienten (der Abstand r kürzt sich hier heraus), so erhält man den Wert von $\frac{F_e}{F_G} = \frac{e^2}{4\pi\varepsilon_0 G\, m_p m_e} = 2{,}29 \cdot 10^{39}$, eine unglaubliche Zahl mit fast vierzig Nullen.

Die Natur scheint hier verrückt gespielt zu haben, indem sie die beiden dominierenden Naturkräfte in ein so unmäßiges Verhältnis setzte und uns gleichzeitig die Hoffnung zunichtemachte, die so ähnlichen Strukturen zu verstehen: Denn wie kann, so fragte sich Dirac, aus purer Mathematik eine Zahl von so unwirklicher Größe entstehen?

Die Koinzidenz

Wohlgemerkt war Dirac, ebenso wie Einstein, felsenfest davon überzeugt, dass unerklärte Zahlen nicht gottgegeben waren, sondern eine Bedeutung trugen, die zu entschlüsseln die Berufung des Physikers ist. Auch nur bei Durchblättern einer Biographie von Dirac wird klar, wie zuwider ihm das Verdrängen solcher Probleme durch die aktuelle Physik wäre.

Wenn schon, so sagte Dirac sich, die mathematische Berechnung einer so großen Zahl derart hoffnungslos ist, gibt es denn wenigstens eine andere Gelegenheit, bei der uns die Natur so ein riesiges Verhältnis mitteilt? Edwin Hubbles Messungen in den 1930er Jahren müssen ihm wie eine Erleuchtung erschienen sein. Ja, es ist die Größe des Kosmos! Dirac verglich die Ausdehnung des Weltalls, die von Hubble gemessen worden war, mit der Größe des Protons, die seit den Versuchen von Rutherford 1914 als ungefähr 10^{-15} Meter bekannt war, und das

Verhältnis ergibt ebenfalls diese riesige Zahl mit vierzig Nullen. Nirgendwo sonst in der Natur findet man Zahlen in dieser Größenordnung, und hier stimmen sie überein!

Dabei spielt es eine untergeordnete Rolle, dass diese Zahlen nicht exakt gleich sind. Astronomische Messungen sind in der Regel so ungenau, dass man nur die Größenordnungen angeben kann. Vor allem jedoch liefert natürlich die Koinzidenz allein noch nicht den exakten mathematischen Zusammenhang, für den man eine komplette Theorie haben müsste. Wie Dirac in seinem Artikel[54] *A new basis for cosmology* im Jahr 1938 anmerkte, konnten noch die verschiedensten Faktoren in diesen Zahlen enthalten sein, zum Beispiel die Feinstrukturkonstante 1/137 oder auch der Faktor 1836,15, wenn man die Berechnung mit zwei Elektronen statt mit Elektron und Proton ausführt (was die Zahl von 10^{39} auf 10^{42} erhöht). All dies ändert aber nichts an der Tatsache, dass die Übereinstimmung der Größenordnung, wie Dirac schrieb, „höchst bemerkenswert" ist.

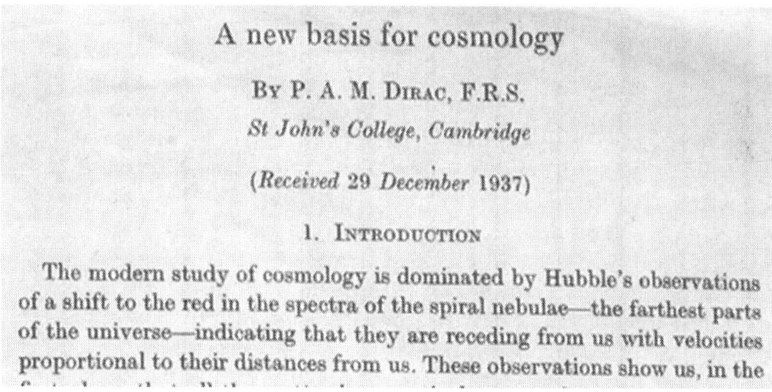

A new basis for cosmology

By P. A. M. Dirac, F.R.S.
St John's College, Cambridge

(*Received 29 December 1937*)

1. Introduction

The modern study of cosmology is dominated by Hubble's observations of a shift to the red in the spectra of the spiral nebulae—the farthest parts of the universe—indicating that they are receding from us with velocities proportional to their distances from us. These observations show us, in the

Titelseite von Diracs Originalveröffentlichung

Warum wird dies von heutigen Physikern so anders bewertet? Das Auftreten von zwei ähnlichen Zahlen in der Physik ist für sich betrachtet in der Tat noch nicht sensationell, und entsprechend abwertend wird dieser „Zufall" auch oft dargestellt. Ob man Dirac's Hypothese schätzt, hängt aber vor allem davon ab, ob man sich mit unerklärten Zahlen in der Natur zufrieden geben will oder nicht. Einstein, Dirac und anderen ihrer Zeit waren solche Zahlen zuwider, während sich die moderne Physik seit zwei Generationen an eine Fülle von unerklärten Parametern gewöhnt hat. Entsprechend gering ist die Neigung, sich über solche Koinzidenzen zu wundern, während umgekehrt Einstein und Dirac das Auftreten von willkürlichen Zahlen in der Physik für a priori unwahrscheinlich hielten. Es sind eben Philosophien, die hier aufeinanderprallen – ich halte es mit der von Einstein und Dirac.

Die Leute glauben zu wenig an Koinzidenzen. –
Isaac Asimov

Von wegen Zufall

Der „Zufall" ist aber noch viel ausgeprägter als gemeinhin bekannt. Vergisst ein Ober, das Wechselgeld herauszugeben, kann das passieren; geschieht das beim nächsten Gast auch, wird man nicht mehr so recht an Zufall glauben wollen. Dirac entdeckte in der Kosmologie noch einen weiteren Zusammenhang, der noch mysteriöser war als der erste. Hubble hatte die Ausdehnung des Universums bestimmt, und damit konnte man auch die in ihm enthaltene Materie abschätzen. Dirac fragte sich, wie viele Elementarteilchen es im Universum wohl gebe, teilte dazu Hubbles Massenabschätzung durch die Masse des Protons, dem elementarsten Atomkern, und es ergab sich etwa 10^{78}, eine Zahl mit fast achtzig Nullen! Dirac war begeistert. Die Anzahl der Atome war offenbar das Quadrat jener Zahl 10^{39}, da bekanntlich beim Quadrieren die Zahl der Zehnerpotenzen verdoppelt wird. Während die erste Koinzidenz auch schon Eddington aufgefallen war, war es Diracs alleinige Leistung, diesen Zusammenhang zu sehen. Er klingt physikalisch noch viel unglaublicher, obwohl das erneute Zusammentreffen einen ursächlichen Zusammenhang noch stärker vermuten lässt.

Wer näher über Naturkonstanten nachdenkt, dem ist vielleicht eine Konsequenz von Diracs Hypothese schon aufgefallen.

Nach der Quantenmechanik kann jedem Teilchen eine Wellenlänge zugeordnet werden, die von der Masse abhängt. Wandelt man die Energie dieser Masse mit der Einstein'schen Formel $E = mc^2$ in die Energie eines Photons $E = h \cdot f$ um, würde sich gerade diese Wellenlänge $\lambda = \frac{h}{cm}$ ergeben.[i]

Je größer die Masse, desto kleiner also die Wellenlänge, und deshalb hat die Wellenlänge normalerweise überhaupt nichts mit der tatsächlichen Größe des Teilchens zu tun. Nur beim Proton stimmt sie mit dieser ziemlich genau überein. Daraus kann man nur folgern, dass das Proton eine herausragende, elementare Rolle in der Natur spielt (wovon auch alle vernünftigen Leute vor Erfindung des Quark-Modells überzeugt waren) und seine Größe und Masse eben nicht nur zufällige Launen der Natur sind. Mit wenigen Umformungen folgt die Beziehung $h = c\, m_p\, r_p$ (Masse und Radius des Protons, seit 1914 bekannt) aus den Dirac'schen Vermutungen, wenn man sie mit der „Flachheit“ $G \approx c^2 \frac{R_u}{M_u}$ kombiniert.[55]

Es kommt übrigens mit schöner Regelmäßigkeit vor, dass die Dirac'schen Koinzidenzen neu „entdeckt“′ und von Forschern auch publiziert werden, ohne dass sie sich des Bezugs zu Dirac bewusst sind. Dies rührt daher, dass man die Feinstrukturkonstante $\frac{e^2}{2hc\varepsilon_0} = 1/137$, aber auch das Massenverhältnis von Proton und Elektron von 1836,15... auf die verschiedensten Weisen in die Rechnung mit einbeziehen kann. Carl Friedrich von Weizsäcker, ein Schüler Heisenbergs, fand beispielsweise die Formel $m_p^3 = \frac{h^2}{G\, R_u}$, die in der Größenordnung übereinstimmt. Helmut Söllinger, ein Ingenieur aus Wien, hat kürzlich eine ähnliche Koinzidenz entdeckt, die mit Dirac zusammen-

---

i Dies wird auch Compton-Wellenlänge genannt.

hängt und sogar innerhalb der heutigen Messgenauigkeit von wenigen Prozent exakt stimmt:[56]

$$\sqrt{m_p m_e} = \sqrt[3]{\frac{e^2 h}{4\pi\varepsilon_0 c G R_u}}$$

Immerhin enthält dieser Term auch die Naturkonstanten des Coulomb-Gesetzes. Solche durchaus interessanten Spekulationen sind jedoch heute so abseits des Mainstreams, dass „etablierte" Physikzeitschriften die Veröffentlichung ablehnen.

Warum gelten solche Ansätze als exotisch? Dass die Anzahl der Wasserstoffatome im Universum proportional zum Quadrat der Ausdehnung sein soll, mutet zunächst grotesk an: So, als hätte die Menge der Materie im Universum mit dessen Oberfläche zu tun anstatt mit dem Volumen. Diese widersprüchlich anmutende Physik macht es wohl bis heute vielen schwer, den Dirac'schen Hypothesen etwas abzugewinnen. Fast überflüssig zu ergänzen, dass auch die herkömmlichen Modelle des Urknalls in heftigem Widerspruch dazu stehen, ja das ganze Konzept der Ausdehnung des Universums, so wie wir es bisher verstehen, scheint auf der Kippe zu stehen. Insbesondere gibt es eben noch keine fertige Theorie, die die Dirac'schen Koinzidenzen exakt vorhersagt. Sir Arthur Eddington äußerte sich zu dieser Mentalität einmal sarkastisch: „Wir sollten diesen Beobachtungen keinen Glauben schenken, solange sie nicht von der Theorie bestätigt werden."

Um den Wert von Diracs Beobachtung abzurunden, muss aber noch Folgendes betont werden: Sie ist in völliger Harmonie mit den Gedanken von Ernst Mach zur Gravitation, obwohl sich Dirac nie mit Mach beschäftigt zu haben scheint.[57] Aber auch er war wohl davon ausgegangen, dass der Zusammenhang $\frac{c^2}{G} \approx \frac{M_u}{R_u}$ eine Bedeutung hat. Dass Dirac gerade die Ausdehnung und die Masse des Universums betrachtet hat, jene zwei Größen, die auch Mach mit der Ursache der Gravitation in Verbindung brachte, ist ein weiteres Puzzlestück dieses faszinierenden Rätsels.

Eine Idee, die nicht gefährlich ist, verdient nicht eine solche genannt zu werden. – Oscar Wilde

Machsches Prinzip 2.0

Diracs Beobachtung geht allerdings über das Machsche Prinzip hinaus. Selbst wenn die Anzahl der Teilchen im Universum zum Beispiel milliardenfach größer, gleichzeitig jedoch deren Masse milliardenfach kleiner wäre, so würde dies an der Machschen Vermutung nichts ändern, wohl aber an Diracs Beobachtung. Anders formuliert legte Dirac erstmals nahe, dass die Natur der Masse und Größe der Elementarteilchen einen Sinn gegeben hat und dass es eben kein Zufall ist, dass sie gerade so groß und so schwer sind, wie sie sind. Wer dachte genauso? Sie ahnen es – Albert Einstein:[i]

> *„Die wirklichen Gesetze sind also viel einschränkender, als die uns bekannten. Zum Beispiel würde es nicht gegen die bisher bekannten Gesetze verstoßen, wenn wir Elektronen von beliebiger Größe oder Eisen von beliebigem spezifischem Gewicht vorfänden. Die Natur aber realisiert nur Elektronen von ganz bestimmter Größe und Eisen von ganz bestimmtem, spezifischem Gewicht.“*

Man kann sicher sein, dass Einstein von der Hypothese der großen Zahlen fasziniert gewesen wäre, hätte er sie denn gekannt! Dirac hatte mit seiner Vermutung einen neuen Weg eines vereinheitlichenden Denkens eröffnet, der, wie er sich ausdrückte,

---

i Es braucht nicht wiederholt zu werden, dass das Standardmodell der Elementarteilchenphysik außerstande ist, diesen Größen einen Sinn zu geben.

„einen tiefen Zusammenhang zwischen Kosmologie und Atomphysik vermuten lässt.“

Dieser Zusammenhang ist bis heute sträflich unterschätzt, und ich kann es mir an dieser Stelle nicht verkneifen, den Kontrast zu den Oberflächlichkeiten darzustellen, die heute als fundamentale Physik gelten. Jeder, der sich mit den Grundlagen der theoretischen Physik beschäftigt, weiß, dass ihre beiden Säulen, die Quantenmechanik und die Allgemeine Relativitätstheorie, inkompatible Gebilde sind. Anerkanntermaßen liegt hier das größte Problem der fehlenden Vereinigung des Großen mit dem Kleinen, des Makro- mit dem Mikrokosmos der Physik. Umgekehrt sollte für einen Naturwissenschaftler auch klar sein, dass Fortschritt nicht im Wälzen von akademischen Begriffen besteht, sondern sich durch quantitative Übereinstimmung von Theorie und Experiment zeigt.

Betrachtet man Allgemeine Relativitätstheorie, also Gravitation, im elementarsten Quantensystem, dem Wasserstoffatom, erhält man die oben erwähnte, jedoch rätselhafte Zahl $2{,}29 \cdot 10^{39}$. Es ist also vollkommen klar, dass jede Theorie, die jemals Quantentheorie mit der Relativität vereinigt, diese Zahl berechnen bzw. erklären muss, will sie nicht im unverbindlichen Geplänkel versanden.

Und doch beschäftigen sich Generationen von theoretischen Physikern mit solch nutzloser Prosa und scheuen sich gleichzeitig nicht, die einzig brauchbare Idee dazu von Dirac als „Numerologie“ zu diffamieren. Man wünscht sich, Dirac möge lebendig werden und diese Akrobaten mathematischer Formalismen mit den Worten vor die Tür setzen: „Kommen Sie wieder, wenn sie über diese Zahl nachgedacht haben!“

Vielleicht wundern Sie sich ein wenig über meinen Tonfall, aber ich will gar nicht verschweigen, wie sehr mich die Ignoranz des heutigen Forschungsbetriebes hinsichtlich der Dirac'schen Zahlen ärgert. Das Verhältnis von elektrischer Kraft zur Gravitation ist mir in zahllosen Büchern und Vorlesungen nur beiläufig als Kuriosität begegnet, so als hätte es Paul Dirac nicht gegeben. Erst lange nach dem Studium recherchierte ich eher durch Zufall den Originalartikel – der mich dann wegen des brisanten Inhalts sprachlos machte. Ich bedaure, dass mir die Signifikanz dieser Entdeckung erst so spät klar wurde. Sie war übrigens auch der Grund, warum ich mich nach jahrelanger Beschäftigung von der geometrischen Fernparallelismus-Theorie von Einstein und Cartan[58] aus dem Jahr 1930 wieder abwandte. So genial die versuchte Vereinigung von Elektrizität und Gravitation auf formaler Ebene auch erscheinen mochte – den quantitativen Unterschied der Kräfte kann sie sicher nicht erklären.

Mögliche Übereilung

Ebenso wie das Machsche Prinzip wird auch Diracs Idee nur wenig geschätzt – unverständlicherweise. Allerdings hat er leider selbst in seinem Artikel von 1938 Dinge geschrieben, die seine Theorie etwas angreifbar machen – dies entschuldigt natürlich nicht das Gruppendenken von Forschern, die meinen, Diracs Gedanken seien überholt, ohne ein einziges Mal den Originalartikel aufgeschlagen zu haben. Dirac hat sich, in vielleicht verständlichem Enthusiasmus, weit aus dem Fenster gelehnt und behauptet, seine Beobachtung bedinge zwingend eine Abnahme der Gravitationskonstante mit der Zeit.

Da er einen Zusammenhang zwischen den Zahlen

$$\frac{e^2}{4\pi\varepsilon_0 G\, m_p m_e} \approx 10^{40} \approx \frac{R_u}{r_p}$$

vermutete und der Radius des sichtbaren Universums R_u offenbar jeden Tag größer wird, lag es nahe, über eine Abnahme der Gravitationskonstante G mit der Zeit zu spekulieren. Obwohl diese Frage durch verschiedene Beobachtungen untersucht wurde, konnte eine Veränderlichkeit der Gravitationskonstante bisher nicht nachgewiesen werden.[59] Es gibt Artikel, die behaupten, eine Änderung in der von Dirac vorgeschlagenen Größenordnung sei ausgeschlossen, aber viele davon basieren auf zu optimistischen Annahmen über die Genauigkeit ihrer Messungen. Wir werden auf diese hochinteressante Frage in Kapitel 13 zurückkommen.

Jedenfalls geriet Diracs Hypothese der großen Zahlen, die schon von den damaligen Kollegen nur mit Fingerspitzen angefasst wurde, mit den Jahren zunehmend in Vergessenheit. Möglicherweise ist er sogar selbst davon teilweise abgerückt. Das behauptet zumindest Pascual Jordan, der 1952 bewundernd darüber schrieb:

> *„Ich halte Diracs Gedanken für eine der größten Einsichten unserer Epoche, deren weitere Untersuchung eine der Hauptaufgaben ist“.*

Leider war Jordan auch in der Nachkriegszeit noch nicht von brauner Ideologie geheilt, was seine internationale Anerkennung verständlicherweise beeinträchtigte (seine Beiträge zur Quantenmechanik waren wohl nobelpreiswürdig). Wir werden auf Jordans weitergehende Ideen zu den Dirac'schen Zahlen noch in dem Kapitel über mögliche Experimente ansprechen. Dennoch fristet Diracs Idee, völlig abgetrennt vom Mainstream der Kosmologie, seither ein Schattendasein. Zu Unrecht. Es handelt sich um ein tiefes Rätsel, das gerade deswegen so wichtig ist, weil es herkömmliche Überzeugungen auf den Kopf stellt.

Der Kosmos ist dynamisch

Neben der verbleibenden experimentellen Unsicherheit gibt es aber auch theoretische Gründe, warum man Diracs allgemeinen Gedanken keinesfalls verwerfen sollte, auch wenn die spezielle Form von 1938 nicht ganz korrekt sein sollte. Dirac betrachtete die Veränderlichkeit von allen möglichen Größen, unter anderem eben auch der Gravitationskonstante. Aber es entging ihm dabei etwas, auf das er gekommen wäre, hätte er sich mit Einstein über dessen Idee von 1911 unterhalten: die Lichtgeschwindigkeit. Dabei war Dirac so nahe daran. Auf den hinteren Seiten seiner Publikation (auf die man in der Sekundärliteratur nirgendwo einen Hinweis findet) hatte er in visionärer Weise ein Modell entworfen, das die Veränderlichkeit des Kosmos elegant beschreibt.

Er ging dabei von einer absolut verlaufenden Zeit t aus, die als unveränderliche Größe nützlich ist, um die darin veränderlichen Größen als Funktion der Zeit t auszudrücken. So rückte Dirac auch von der naiven Vorstellung ab, das Universum dehne sich mehr oder weniger gleichmäßig mit der Zeit aus. Vereinfacht gesprochen, wäre dies der Fall, wenn der gerade noch sichtbare Rand in der Entfernung R sich mit Lichtgeschwindigkeit entfernt. Mathematisch würde man dies mit einer Proportionalität $R(t) \sim t$ ausdrücken, aber Dirac schlug stattdessen vor, die Größe des Universums sei eine Funktion der Zeit mit einem von eins abweichenden Exponenten: $R(t) \sim t^{\frac{2}{3}}$. Anschaulich würde das bedeuten, dass das Universum, würde man sein Alter vertausendfachen, nur hundertfach größer würde. Da der sichtbare Horizont des Universums gerade die Materie ist, von der wir Lichtsignale gerade noch empfangen können, folgt daraus eigentlich schon, dass in Diracs Überlegung die Lichtgeschwindigkeit nicht mehr konstant sein konnte. Dennoch griff er den Gedanken nicht explizit auf.

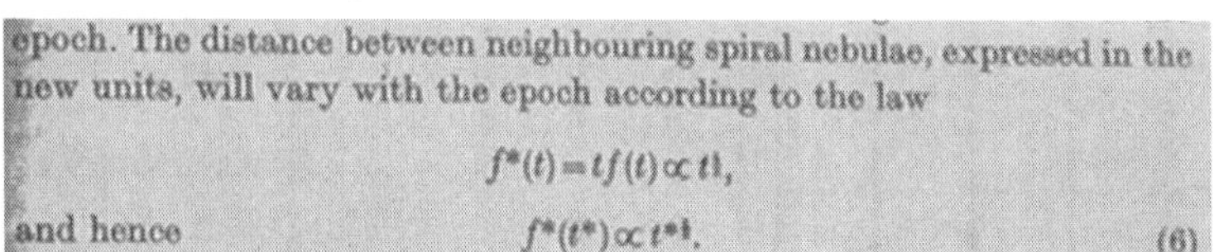
epoch. The distance between neighbouring spiral nebulae, expressed in the new units, will vary with the epoch according to the law

$$f^*(t) = t f(t) \propto t^{\frac{1}{3}},$$

and hence $$f^*(t^*) \propto t^{*\frac{1}{2}}. \quad (6)$$

Diracs Überlegungen, dass die Ausdehnung des Universums nicht linear mit der Zeit erfolgt.

Ein solches Gesetz hätte zur Folge, dass unsere gesamte Wahrnehmung des Universums in veränderlichen Zeit- und Längenmaßstäben geschieht, in dem wir nur durch indirekte Rückschlüsse die wahre Natur der Dynamik erkennen können. Obwohl der von Dirac vermutete Zusammenhang $R(t) \sim t^{\frac{2}{3}}$ nicht exakt stimmen kann, ist die prinzipielle Überlegung revolutionär. Denn es fehlte nur sehr wenig, und Dirac hätte die Parallele zu Einsteins variabler Lichtgeschwindigkeit erkannt. Es ist tragisch, und aus heutiger Sicht kaum zu fassen, dass sich die beiden vielleicht größten Physiker des 20. Jahrhunderts nie über Kosmologie ausgetauscht haben.

Genies ohne Draht zueinander

Der einzige, wenn auch indirekte Hinweis darauf, dass Einstein verwandte Überlegungen zu Ohren gekommen waren, findet sich in der erwähnten Korrespondenz mit Ilse Rosenthal-Schneider. Sie hatte die Ideen Eddingtons zu den „nichtempirischen Konstanten" angesprochen. Dessen „vollständig nicht-Kantischer Apriorismus" sei, was Naturgesetze betrifft, „eindeutig unhaltbar". Einstein geht darauf in einem Brief vom 23. April 1949 ein:

> *„Eddington hat viele geistreiche Vorschläge gemacht, die ich jedoch nicht alle verfolgt habe. Ich finde, dass er im Allgemeinen seinen eigenen Ideen gegenüber merkwürdig unkritisch gewesen ist."*

Einstein äußert sich hier recht unverblümt über Eddingtons Spekulationen, die ja zum Teil angreifbar waren. Einst hatte Eddington behauptet, den Kehrwert der Feinstrukturkonstante durch reine Logik aus der Zahl 136 hergeleitet zu haben. Seine Logik war aber flexibel genug, sich nach kurzer Zeit dem neuen Messwert 137 anzupassen. Zeitgenossen nannten ihn daraufhin spöttisch Mr. Adding-One.

Es bleibt hier unklar, ob sich Einstein nur auf diese Feinstrukturkonstante bezog oder auch auf die Teilchenzahl im Universum in der Größenordnung von 10^{78}, die Eddington als $137 \cdot 2^{256}$ vermutete, was in der Tat an Zahlenmystik erinnert. Ganz offensichtlich wusste aber Einstein von den weiter gehenden Gedanken von Dirac nichts, sonst hätte er sie wohl in diesem Zusammenhang unweigerlich erwähnt. Sicher hatte Einstein in der Bibliothek von Princeton Zugang zu den Zeitschriften *Nature* und *Proceedings of the Royal Society*, jedoch war er bekanntermaßen kein eifriger Leser der Literatur. Die Leute, die ihn in Princeton umgaben, interessierten sich für ganz andere Dinge. So blieb ihm der Artikel von Dirac wohl bis zu seinem Lebensende unbekannt.

Verständlicher ist vielleicht, dass Dirac Einsteins Veröffentlichung von 1911 in den *Annalen der Physik* nicht kannte – er war ja damals erst neun Jahre alt. Vielleicht hat er sie später einmal überflogen, jedoch den Bezug zu seinen eigenen Überlegungen nicht hergestellt. Wahrscheinlicher ist jedoch, dass im Jahr 1938, als sich Dirac für Kosmologie zu interessieren begann, der damals 27 Jahre alte Einstein-Artikel einfach zu weit weg war, als dass Dirac davon Notiz nehmen konnte. Sicher hat er gar nicht damit gerechnet, dass vor Hubbles Entdeckung 1930 darüber etwas Interessantes geschrieben worden sein könnte.

Zudem war Dirac zu sehr eigenständiger Denker, als dass er das Bedürfnis verspürt hätte, seine Ideen in bestehendes Gedankengut einzubauen. Sein Artikel von 1938 nimmt erstaunlich wenig Bezug zur Allgemeinen Relativitätstheorie, und entsprechend wird das Konzept der Lichtgeschwindigkeit als solches wenig hinterfragt. Viel später, 1968, schrieb Dirac eine Art Plädoyer für die Veränderlichkeit von Naturkonstanten:

> *„Die Theoretiker sind eifrig dabei, verschiedene Modelle des Universums zu basteln mit Annahmen, die ihnen gerade passen. Wahrscheinlich sind diese Modelle alle falsch. Man geht normalerweise davon aus, dass die Naturgesetze immer*

> *so gewesen sind wie heute, wofür es nicht die geringste Rechtfertigung gibt. Die Gesetze könnten sich ändern und insbesondere die Größen, die wir für Naturkonstanten halten, konnten sich mit der Zeit ändern. Solche Änderungen würden die Modellierer kalt erwischen."*

Umso erstaunlicher ist es, dass er die vielleicht wichtigste Naturkonstante c von dieser Möglichkeit ausnahm. Oder war er auch schon von der Mode der theoretischen Physik beeinflusst, die Lichtgeschwindigkeit als „irrelevanten Konversionsfaktor zwischen Raum und Zeit" anzusehen? Wir wissen es nicht. Es ist ein Trauerspiel, dass die Verbindung zu Einsteins bahnbrechender Idee von 1911 nie hergestellt wurde. Und noch unverständlicher ist es, dass auch Dickes Theorie von 1957 die Dirac'schen Gedanken nicht in vollem Umfang aufgriff – dabei gibt es eine spektakuläre Verbindung zwischen den beiden Ansätzen, wie ich Ihnen im nächsten Kapitel darlegen möchte.

Kapitel 10

Urknall ohne Expansion

Der Kosmos, den Einstein wollte

Bald werden Sie endlich ermessen können, wie revolutionär Einsteins Idee der variablen Lichtgeschwindigkeit war. In Kapitel 8 wurde erstmals eine Erklärung der Gravitationskonstante G denkbar, weil es Dicke gelungen war, die Einstein'sche Formel mit dem Universum in Verbindung zu bringen. Dirac schließlich, der ebenfalls über die Gravitationskonstante grübelte, entdeckte eine rätselhafte Verbindung des Universums zu den Elementarteilchen, die allen herkömmlichen Vorstellungen zuwiderlief.

In diesem Kapitel wird klar werden, dass diese Erkenntnisse ein großes Bild formen. Den entscheidenden Beitrag dazu hat wieder Dicke geleistet. Neben der Korrektur von Einsteins Formel und den Einbau des Machschen Prinzips darein hatte er eine dritte spektakuläre Einsicht: die Konsequenzen dieser Idee für die Entwicklung des Kosmos, welche die bisherige Vorstellung des Urknalls revolutionieren.

Die Perle ist an einem ungewöhnlichen Ort versteckt. Sie findet sich auf den letzten beiden Seiten seiner Veröffentlichung von 1957, wo Dicke unter der Zwischenüberschrift *Kosmologie* mit dem bricht, was seit 1930 der Glaubenssatz des Forschungsfeldes ist: die Hubble-Expansion des Universums. Dicke sagt im Wesentlichen, dass die Interpretation der kosmologischen Rotverschiebung, die zur Vorstellung des expandierenden Kosmos und in der Folge zur Urknalltheorie geführt hat, eine Illusion ist. So umwälzend die These, so simpel die Begründung: Es handelt sich um die einzige Möglichkeit, Einsteins Formel von 1911 konsequent weiterzudenken.

Dicke hatte gezeigt, dass in der Formel, die das Gravitationsgesetz wiedergab, sich alle Massen auf die lokale Lichtgeschwindigkeit auswirken: *c* ist umso kleiner, je näher man sich an der Masse befindet, aber auch, je mehr Massen überhaupt innerhalb des sichtbaren Horizonts vorhanden sind. Offensichtlich erreichen uns in jedem Moment Signale von noch entfernteren Himmelskörpern, die im Horizont enthaltene Gesamtmasse nimmt also stetig zu. Daraus folgt zwingend, dass die Lichtgeschwindigkeit in kosmologischen Zeitskalen abnehmen muss.

Der Kosmos im Zeitraffer

Diese Veränderlichkeit von *c* hat natürlich Auswirkungen auf andere Naturkonstanten, vor allem aber auf alle Maßstäbe und Messeinrichtungen, mit denen Beobachtungen aufgezeichnet werden. Da wir nur diese relative Information erhalten, ist es gar nicht so einfach, die eigentlichen Vorgänge aus dem Bild zu erschließen, das uns die veränderlichen Maßstäbe vorgaukeln.

Wir haben in den Kapiteln 7 und 8 gesehen, dass die *räumlich* veränderlichen Maßstäbe in einem Gravitationsfeld für die allgemein-relativistischen Effekte verantwortlich sind. Dicke erkannte nun, dass die Lichtgeschwindigkeit und entsprechend die Maßstäbe auch *zeitlich* veränderlich sein mussten. Alles dreht sich dabei um die Formel $c = \lambda \cdot f$, die die Lichtgeschwindigkeit mit den Wellenlängen und Frequenzen, also dem räumlichen und dem zeitlichen Maßstab (letzterer ist eigentlich $\tau = 1/f$) verbindet.

Wie wir in Kapitel 8 gesehen haben, erklären sich die klassischen Tests wie Lichtablenkung dadurch, dass bei nur *räumlicher* Veränderlichkeit von *c* das Licht seinen *Zeit*maßstab, also seine Frequenz *f* konstant hält. Dieser Fall ist analog zur konventionellen Optik, wo sich Lichtbrechung mit einer Verkürzung der Wellenlänge λ bei gleichbleibender Frequenz f zeigt. Dicke betrachtete nun den umgekehrten Fall und stellte fest, dass Licht bei einer nur *zeitlichen* Veränderung von c seinen *räumlichen* Maßstab λ beibehalten muss. Er drückte es so aus, indem er auf die Energie $E = h{\cdot}f$ eines Lichtquants[i] Bezug nimmt (S. 374):

> *„Mit zunehmender Zeit hätte das in der Vergangenheit emittierte Photon eine höhere Energie. Man könnte meinen, dass dies eine ‚Blauverschiebung‘ hervorruft. Allerdings verliert ein Photon mit der doppelten Rate Energie, die für ein Atom charakteristisch ist, also gibt es eine Nettoverschiebung zum Roten.“*

Dicke hat seine Überlegung noch durch Rechnung mit den Maxwell-Gleichungen[ii] bestätigt. Wie kann man diesen etwas abstrakten Gedanken veranschaulichen? Licht, das über kosmologische Distanzen, also Milliarden von Lichtjahren unterwegs ist, spürt die zeitliche Abnahme der Lichtgeschwindigkeit, während die räumliche Variation auf so großen Skalen vernachlässigbar ist. Stellt man sich eine ausgedehnte Lichtwelle vor – zum Beispiel einen Laserstrahl, der zwischen zwei Spiegeln über viele Kilometer eine stehende Welle bildet –, so muss das Licht trotz des abnehmenden c seine Wellenlänge λ beibehalten. Andernfalls würde sich bei einer so ausgedehnten Lichtwelle irgendwo ein Sprung in der Wellenform auftun. Die Welle wüsste aus Symmetriegründen nicht, wo sie sich zuerst verkürzen soll.[iii] Die Wellenlänge muss also gleich lang bleiben. Diese Folgerung ist entscheidend.

---

i Blaues Licht hat eine kürzere Wellenlänge λ und wegen $f = c/\lambda$ eine höhere Frequenz f; es ist damit energiereicher.

ii Sie bilden die Grundlage der 1865 formulierten Theorie der Elektrodynamik. Licht stellte sich dann als elektromagnetische Welle heraus.

iii Dicke schreibt dazu auch noch (S. 374): „Obwohl das Konzept des

Denn bleibt λ gleich, so muss wegen der Formel $c = \lambda \cdot f$ die gesamte Änderung der Lichtgeschwindigkeit c von der Frequenz f übernommen werden. Wenn wir wieder unsere suggestive Schreibweise verwenden, haben wir $c \downarrow\downarrow f \downarrow\downarrow$. Im Ergebnis darf also Licht, das im Universum große Distanzen zurücklegt, seine Wellenlänge λ *nicht* ändern.

Nur Licht breitet sich aus, sonst nichts

Erinnern wir uns aber, dass sich bei den Atomen vor Ort die Veränderung von c gleichmäßig auf die Frequenzen f und die Wellenlänge λ verteilt (also $c \downarrow\downarrow f \downarrow \lambda \downarrow$). Gegenüber diesen lokalen Atomen, die an der Verkürzung der Wellenlängen λ teilgenommen haben, erscheint die Wellenlänge des aus dem Kosmos ankommenden Lichts verlängert, also ins Rote verschoben. Dies ist Hubbles Beobachtung! Die Rotverschiebung des Lichts entfernter Galaxien, die seither als Expansion des Universums gedeutet wird, erklärt sich einfach durch Einsteins Formel einer veränderlichen Lichtgeschwindigkeit, sobald man sie auf den Kosmos anwendet.

Wir sehen also mit der Zeit immer mehr Massen im Universum, und durch deren Einfluss nimmt die Lichtgeschwindigkeit ab. Eine Bewegung der Materie oder eine Ausdehnung des Universums im herkömmlichen Sinne ist dabei jedoch nicht nötig. Der kosmische Horizont, also die Grenze, bis zu der wir entfernte Objekte sehen, erweitert sich einfach dadurch, dass sich Licht – denknotwendig – ausbreitet. Nur insoweit behält der Begriff der Expansion des Universums einen Sinn. Die dort befindliche Materie steht dagegen, abgesehen von relativ langsamen lokalen

---

Photons verwendet wurde um die Rotverschiebung zu erklären, ist diese Idee des Teilchens nicht notwendig. Es ist leicht aus den Maxwell-Gleichungen zu erkennen, dass für zeitabhängige, aber raumunabhängige Lichtgeschwindigkeit eine elektromagnetische Welle ohne Änderung seiner Wellenlänge propagieren muss.“

Bewegungen, still. Andersherum betrachtet, ist die Lichtgeschwindigkeit dann einfach jene Größe, die beschreibt, wie schnell sich der Horizont im Universum erweitert.[i]

Ins Auge springt hier die radikale Einfachheit von Dickes Modell, während in der konventionellen Kosmologie (auf die in Kapitel 12 eingegangen wird) eine Unterscheidung zwischen Lichtgeschwindigkeit und verschiedenen Expansionsgeschwindigkeiten gemacht wird, die voll von unübersichtlichen Widersprüchen ist. Dicke durchschlägt diesen Gordischen Knoten: Die Expansionsgeschwindigkeit *ist* die Lichtgeschwindigkeit.

Das was gewöhnlich als Expansionsrate des Universums gemessen wird, die sogenannte Hubble-Konstante, würde damit einfach das Alter des Universums reflektieren und nebenbei erklären, warum die Werte im herkömmlichen Modell scheinbar zufällig so gut übereinstimmen.[60]

Urknall ja, aber keine Expansion des Universums

Wir müssen jetzt allerdings noch etwas ausholen, um das Gesamtbild des veränderlichen Kosmos zu verstehen, welches das Modell von Dicke ermöglicht. Da die Veränderlichkeit für verschiedene Größen unterschiedlich stark ist, ist es irgendwann übersichtlicher, sie quantitativ, also mit einigen Formeln, auszudrücken (wenn Sie diese Ansicht nicht teilen, beunruhigen Sie sich nicht, wenn Sie über die Formeln hinweglesen). Zunächst aber müssen wir überhaupt die Ausdehnung des Kosmos im Großen beschreiben. Wenn die Lichtgeschwindigkeit c wirklich mit der Zeit abnimmt, bedeutet dies, dass der Horizont R (oder „Radius" des Universums) nicht einfach proportional mit

---

i Mathematisch gesprochen, gilt für die Änderung des Horizonts $\frac{dR}{dt} = c$ oder $\dot{R} = c$.

der Zeit zunimmt, sondern langsamer. Wie erhält man die richtige zeitliche Abhängigkeit quantitativ?

Technisch gesprochen, muss man dazu eine sogenannte Differenzialgleichung lösen. Es ist aber mit dem bisher Gesagten leicht zu sehen, dass die Lösung eine bestimmte Form haben muss. Nach der in Kapitel 8 entwickelten Formel

$$c^2 = \frac{2\pi}{\kappa \sum \frac{m_i}{r_i}}$$

ist das Quadrat der Lichtgeschwindigkeit umgekehrt proportional zu jener Summe $\sum \frac{m_i}{r_i}$, die gewöhnlich im Gravitationspotenzial vorkommt. Die durchschnittliche Entfernung r_i dieser Massen wird jedoch im gleichen Maße wie der sichtbare Horizont R selbst anwachsen. Schließlich ist die Anzahl der Teilchen, die in der Summe enthalten sind, proportional zum Volumen einer Kugel mit dem Horizont R, also $V \sim R^3$. Setzt man diese Abhängigkeiten in die obige Formel ein, ergibt sich also ein $c^2 \sim \frac{1}{R^2}$. Da c nichts anderes als der zeitliche Zuwachs des Radius R ist,[i] muss $R(t)$ proportional zur Wurzel der Zeit t sein: $R(t) \sim t^{\frac{1}{2}}$, in interessanter Nähe zu dem Vorschlag von Dirac, der einen Exponenten von $\frac{2}{3}$ betrachtet hatte.[61]

Den Begriff der Zeit muss hier allerdings sehr sorgfältig definiert werden: Dadurch, dass Atome, aus denen alle Uhren[ii] gebaut sind, ihre Frequenzen und damit ihre Zeitmaßstäbe ändern, ist zu berücksichtigen, wie sich die wahrgenommene Zeit von der „echten" unterscheidet. Dazu dient wieder die Formel $c = \lambda \cdot f$, die dazu führt, dass die Veränderlichkeit von c sich gleichmäßig auf die Frequenzen f und Wellenlängen verteilt.

---

i Die Ableitung verringert den Exponenten von t um 1.

ii Es spielt natürlich keine Rolle, ob es sich um herkömmliche Uhren oder moderne Atomuhren handelt, bei denen dies offensichtlich ist.

Tatsächlich ist es sinnvoll, zur mathematischen Beschreibung des Modells eine absolute, gleichmäßig verlaufende Zeit t einzuführen und dann in der Folge die von den Veränderlichkeiten beeinflusste, wahrnehmbare Zeit t' mit den Beobachtungen zu vergleichen – eben wie Dicke dies in dem erwähnten Absatz vorgeschlagen hat. Im Übrigen ist dies komplett analog zu dem System der räumlich veränderlichen Maßstäbe, das in Kapitel 8 besprochen wurde.

Der Begriff einer „absoluten" Zeit lässt bei vielen Physikern die Alarmglocken schrillen, die fleißig aus Einsteins Relativitätstheorie gelernt haben, dass Zeit immer „relativ" ist. Einstein hat diese Einsicht aber gerade dadurch gewonnen, dass er sich streng auf die beobachtbaren Zeitmaßstäbe konzentriert hat[i] – genau das, was wir hier tun. Zur korrekten Beschreibung der veränderlichen Maßstäbe wählt man hier also ein absolutes Raumzeit-System, das im Übrigen ja auch nicht direkt beobachtbar ist. Absolute Zeit tut also der Relativität gut. Die Methode steht daher in keinerlei Widerspruch zu den Prinzipien der Relativitätstheorie.

Illusionen im Zeitablauf

Diese einerseits absoluten und andererseits beobachtbaren variablen Zeitmaßstäbe helfen, viele bizarre Konsequenzen zu vermeiden, die von der Annahme kommen, das Universum habe zu einem bestimmten Zeitpunkt begonnen – gemeinhin als Urknall bezeichnet.

Definiert man kurz nach „Beginn" des Universums den Zeitpunkt $t = 1$ als denjenigen, bei dem die Ausdehnung des Universums der eines Elementarteilchens entspricht, und legt man alle anderen Größen zu diesem Zeitpunkt ebenfalls mit $\lambda = 1, f =$

---

[i] Wiewohl es sich in der Speziellen Relativitätstheorie um eine andere Art von Veränderlichkeit handelte.

1, $R = 1$, $c = 1$ usw. fest, dann kann man sich die oben beschriebene Zeitentwicklung wie folgt veranschaulichen: Zur Zeit t = 10.000 hatte das Universum nur die Ausdehnung R = 100 (die Wurzel aus 10.000), während die Lichtgeschwindigkeit auf 1/100 ihres Anfangswertes gefallen war. Wegen $c = \lambda \cdot f$ bedeutet das in der Konsequenz, dass die Wellenlängen λ und Frequenzen f auf ein 1/10 ihres Anfangswertes zurückgegangen sind, die Zeitmaßstäbe τ („tau", die umgekehrt proportional zur Frequenz sind) mithin die Dauer $\tau = 10$ haben. Wenn wir uns vergegenwärtigen, dass alle Zeitmessungen mit Uhren in solchen Zeiteinheiten erfolgen, ergibt dies ein ganz neues Bild vom Anfang des Universums.

Die herkömmliche Vorstellung, das Universum habe bei der Zeit $t = 0$ einfach so zu existieren angefangen, ist ohnehin ziemlich naiv und naturphilosophisch höchst unbefriedigend. In diesem neuen Modell der veränderlichen Maßstäbe kann man zwar die absolute Zeit ebenfalls $t = 0$ setzen. Aber bei Annäherung an $t = 0$ wären die Frequenzen zu dieser „Zeit" stark erhöht und die Zeitschritte τ entsprechend kleiner. Dies sorgt dafür, dass die wahrgenommene Zeit, die in diesen Zeitschritten τ gemessen wird, immer größer, bei $t = 0$ schließlich unendlich groß wird. Das Universum hat hier also einen (nicht beobachtbaren) Beginn, aber er liegt scheinbar unendlich viele Zeitschritte – wir mögen uns Sekunden darunter vorstellen – zurück.

Der Begriff des Alters des Universums wird damit eben relativ und erscheint umso kleiner, je größer die Zeitschritte sind, in denen dieses Alter gemessen wird. In den heute gültigen relativ langen Zeitschritten erscheint uns der Beginn des Universums nur eine endliche Zeitspanne entfernt.[i] Man könnte diesen Beginn Urknall nennen, auch wenn es sich um eine völlig andere

---

[i] In Dickes Modell der variablen Zeitschritte wäre dieses Alter gerade ein Viertel der herkömmlichen Interpretation der Messung, d. h. etwa 3,5 Milliarden Jahre.

Situation als in der herkömmlichen Kosmologie handelt. Auch hier würde sich ein altes Rätsel aus unerwarteter Perspektive lösen.

Diracs Zahl erscheint

Fassen wir dieses erstaunliche Bild der variablen Maßstäbe nochmals zusammen: Wenn seit dem Urknall 10.000 Zeitschritte vergangen sind, scheint dieser Beginn doch erst 1000 Zeitschritte zurückzuliegen, weil dieser Zeitschritt inzwischen 10-mal so lang geworden ist. Umgekehrt hat sich der Längenmaßstab auf 1/10 verkürzt, sodass die tatsächliche Ausdehnung, die den Wert 100 hat, wie 1000 erscheint. Wir stellen also fest, dass die Ausdehnung scheinbar proportional (1000 Längeneinheiten in 1000 Zeitschritten) erfolgt, weil wir die Veränderlichkeit der Lichtgeschwindigkeit nicht direkt wahrnehmen – indirekt zeigt sie sich natürlich in der kosmologischen Rotverschiebung. In diesem Modellbeispiel wäre das anfängliche Volumen dann um den Faktor 1.000.000 angewachsen, die dritte Potenz der Ausdehnung 100. Da wir als Faktor der Ausdehnung allerdings 1000 messen, würde uns 1.000.000 als nur zweite Potenz von 1000 erscheinen – ein sehr wichtiger Punkt, auf den wir bald noch näher eingehen.

Natürlich kann man hier auch nachdenken, wie sich der Term verändert, der nach Sciama der Gravitationskonstante *G* entspricht, und tatsächlich sollte sich hier eine Abnahme ergeben, wie von Dirac vorausgesagt. Dennoch ist es keineswegs klar, dass sich diese Abnahme in den Experimenten zeigt, die gewöhnlich dafür durchgeführt werden. Auch zum Beispiel die Abstandsmessungen zum Mars, die als Beleg für die Nichtveränderlichkeit von G angesehen werden, können ebenfalls von variablen Maßstäben beeinflusst sein. Näheres dazu noch in Kapitel 13.

Erweitert man das obige Beispiel der 10.000 Zeitschritte auf die jetzt sichtbare Größe des Universums, die 10^{39} Protonenradien (man kann diese als 1 definieren) hat, so lebten wir eigentlich schon in der Epoche $t = 10^{52}$, nur die Zeitschritte haben sich um den Faktor 10^{13} verlängert, was den Eindruck der Zeit $t = 10^{39}$ erweckt. Entsprechend ist die Größe des Universums nur 10^{26} (die Wurzel aus10^{52}), obwohl sie durch die Verkürzung der Längenmaßstäbe wie 10^{39} aussieht. Richtig interessant wird es, wenn man das Volumen des im Horizont eingeschlossenen Raumes betrachtet und die natürliche Annahme macht, dass die Dichte der Elementarteilchen (in Stück pro m^3) im absoluten Raum gleich bleibt.

Da das Kugelvolumen proportional zur dritten Potenz des Radius R ist, sollte also das Volumen des Universums in der Größenordnung 10^{78} sein – und etwa 10^{78} Teilchen enthalten. Das ist Diracs Beobachtung! Da 10^{78} das Quadrat der Zahl 10^{39} ist, ist es in diesem Modell gar nicht anders denkbar, als dass die Teilchenzahl N im Universum proportional zum Quadrat seiner Ausdehnung ist. Was vorher mysteriös und geradezu unlogisch erschien, ergibt sich aus Dickes Modell zwangsläufig. Es ist geradezu sensationell, dass Dickes Idee von 1957 dieses unergründlich scheinende Rätsel löst. Und natürlich sind die Hypothesen Diracs durch diese überraschende Verbindung zur Allgemeinen Relativitätstheorie noch viel überzeugender.

Es gab nur ein Problem: Dicke hat die Zutaten für diese Schlussfolgerung ausgearbeitet, sich aber kurz vor dem Ziel in einer relativ trivialen Weise verrechnet. Besser gesagt, hat er an einer Stelle (S. 375) übersehen, dass die Wellenlängen der Atome, deren Veränderlichkeit er vorher korrekt angegeben hatte (S. 366), die Grundlage all unserer Längenmessungen darstellen. Dicke gab zwar die Anzahl der Teilchen korrekt als proportional zu $t^{\frac{3}{2}}$ an, vergaß jedoch, dass dies in der wahrgenommenen Zeit t' wie t'^2 aussieht. In einem folgenden unglücklichen Absatz rechtfertigt er dieses falsche, von der Beobachtung abweichende Ergebnis mit verschiedenen physikalischen Betrachtungen, zum Beispiel, dass das Universum relativ jung sei. Stattdessen hätte er die Vermutungen Diracs glänzend bestätigen können!

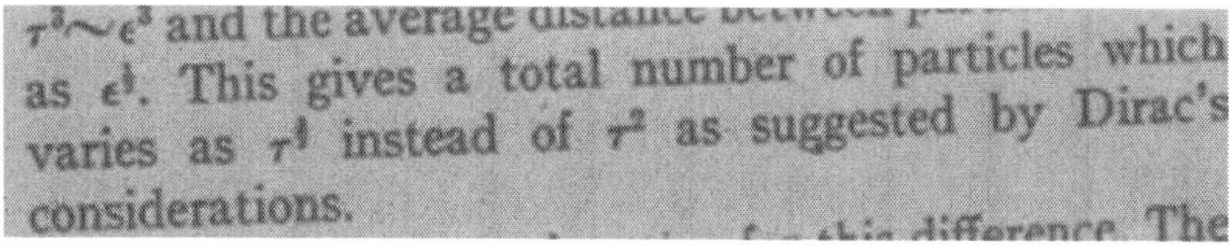
$\tau^3 \sim \epsilon^3$ and the average ...
as $\epsilon^{\frac{1}{2}}$. This gives a total number of particles which varies as $\tau^{\frac{3}{4}}$ instead of τ^2 as suggested by Dirac's considerations.

Dickes Fehlschluss aufgrund der Verwechslung von absoluter und beobachteter Zeit, der zur Kontroverse mit Dirac führte.

Folgenschwerer Rechenfehler

Es ist unglaublich, wie Dicke sich dieses zum Greifen nahe liegende Resultat entgehen ließ. Vielleicht hätte er es gesehen, wenn er konkrete Zahlen eingesetzt hätte, anstatt nur die abstrakten Exponenten zu betrachten. Offenbar fühlte er sich in der Diskrepanz mit Dirac doch nicht ganz wohl, sodass er nicht nur jenen Absatz in dem Artikel von 1957 schrieb, sondern 1961 auch noch einen weiteren Aufsatz[62] in der Zeitschrift *Nature*, in dem er sein abweichendes Ergebnis (auf einem Versehen beruhend!) nochmals rechtfertigte. Er baute dabei die im Grunde recht schwache Argumentation aus, auf der später die sogenannte Brans-Dicke-Theorie beruhte. Insbesondere versuchte er, Argumente gegen Diracs zweite Hypothese über die Teilchenzahl zu finden, die er nicht reproduzieren konnte. Den Titel der Veröffentlichung, *Dirac's Cosmology and Mach's Principle* konnte Dirac sogar als Angriff verstehen, und prompt verteidigte dieser sich in einem Gegenartikel, indem er die Signifikanz seiner Beobachtung erläuterte – Dirac hatte hier natürlich Recht.

Es ist tragisch, dass diese beiden Physiker, die es in der Hand gehabt hätten, ihre Ideen zu einer neuen Kosmologie zu vereinigen, sich in einem kleinlichen Disput verhakten. Die beiden Artikel waren sicher ihrer Kooperation nicht förderlich, und es ist nicht bekannt, ob sie sich jemals gesprochen oder gar getroffen hatten. Man kann sogar bezweifeln, ob Dicke den hinteren Teil von Diracs Artikel aus dem Jahr 1938 genau gelesen hat, in dem Dirac in ganz ähnlicher Weise variable Größen eingeführt hatte wie er selbst. Sicher hat sich aber umgekehrt Dirac nicht richtig mit Dickes Aufsatz befasst, sondern sich auf die Verteidigung seines Territoriums beschränkt, sonst wäre ihm die Ähnlichkeit der Ansätze wohl aufgefallen. Vor allem wäre er wohl auf die Idee der veränderlichen Lichtgeschwindigkeit gestoßen, genau jenes Puzzlestücks, das in seiner Idee von 1938 fehlte.

Es ist sinnvoll, dieses ganz neue Bild von der Evolution des Universums, das aus der Vereinigung der Ideen von Mach, Einstein, Dicke und Dirac entsteht, zusammenzufassen.

Größe		**Einh**		**Epoche**	**Bsp.**	
Absolute Zeit	t	s	t	10^{52}	10.000	↑↑↑↑
Lichtgeschwindigkeit	c	m/s	$t^{-1/2}$	10^{-26}	1/100	↓↓
Wellenlänge	λ	m	$t^{-1/4}$	10^{-13}	1/10	↓
Frequenz	f	1/s	$t^{-1/4}$	10^{-13}	1/10	↓
Zeitschritt	τ	s	$t^{1/4}$	10^{13}	10	↑↑
Geschwindigkeit	v	m/s	$t^{-1/2}$	10^{-26}	1/100	↓↓
Beschleunigung	a	m/s^2	$t^{-3/4}$	10^{-39}	1/1000	↓↓↓
Träge Teilchenmasse	m	kg	$t^{3/4}$	10^{39}	1000	↑↑↑
Horizont Universum	R	s	$t^{1/2}$	10^{26}	100	↑↑
Gemessener Horizont	R'	s	$t^{3/4}$	10^{39}	1000	↑↑↑
Gemessene Zeit	t'	s	$t^{3/4}$	10^{39}	1000	↑↑↑
Volumen Universum	V	m^3	$t^{3/2}$	10^{78}	1.000.000	6↑
Teilchenzahl	N	–	$t^{3/2}$ $= t'^{2}$	10^{78}	1.000.000	6↑
Masse Universum	M	kg	$t^{9/4}$ $= t'^{3}$	10^{117}	10^9	9↑

Veränderlichkeiten von physikalischen Größen in Dickes Modell. Der Übersicht halber sind die Exponenten auf ganze Zahlen gerundet, in Wirklichkeit wäre t näher am Exponenten 53 statt 52.

Weder stimmt es mit der Urknalltheorie im herkömmlichen Sinne überein, noch verneint dieses Bild eine Evolution des Kosmos, wie es die nicht unerhebliche Zahl der Gegner des Urknalls tut. Es handelt sich im besten Sinne um eine Synthese, aber nicht in der Form eines faulen Kompromisses, sondern in einer überraschenden Querverbindung, die genau den Beobachtungen entspricht. Aber was ändert dies am Beginn des Universums, herkömmlich Urknall genannt, konkret?

Atomkerne bedeuten etwas

Wie gezeigt, dehnt sich der Kosmos nicht wirklich aus. Alle Materie befindet sich im Wesentlichen in Ruhe, nur das Licht, das gar nicht anders kann als sich auszubreiten, erweitert so dauernd den Horizont des Universums, der zu schier unglaublicher Größe angewachsen ist. Führt man dieses Modell von Dicke konsequent fort, dann war die Ausdehnung des Universums irgendwann in der fernen Vergangenheit nur so groß wie die des Protons. Man könnte diesen Zustand $t = 1$ als „Einteilchen-Urknall" bezeichnen, denn das Universum bestand damals gerade aus einem Elementarteilchen.[i] Gleichzeitig bedeutet dies, dass die damalige Dichte des Universums gerade der Dichte der Atomkerne entsprach.

Dies ist ein dramatischer Unterschied zum konventionellen Urknall, bei dem angeblich *alle* heute sichtbaren Teilchen (10^{78}!) auf dem Volumen eines Atomkerns bzw. auf noch viel kleinerem Raum konzentriert gewesen sein sollen. Diese Hypothese ist schon deshalb unwissenschaftlich, weil uns jede Information aus der Laborphysik fehlt, ob derart riesige Dichten in

---

i Es liegt nahe, hier eine semantische Assoziation zu dem Gedanken des „Ur-Atoms" zu bilden, die von dem belgischen Priester Georges Lemaître propagiert wurde, der eine erhebliche Rolle bei der Entwicklung der derzeitigen Kosmologie spielte. Die Parallele ist aber nicht inhaltlich vorhanden, Dickes Konzept ist radikal anders.

der Natur überhaupt realisiert sein können – auch wenn am CERN gelegentlich behauptet wurde, man habe ein „Quark-Gluonen-Plasma“ realisiert oder gar eine „Urknall-Simulation“ behauptet wird. Noch nie wurde über nennenswerte Zeitspannen oder Raumgebiete hinweg eine höhere Dichte als die Dichte der Atomkerne gemessen. Dies gilt übrigens auch für astronomische Objekte – Pulsare haben interessanterweise etwa die Dichte von Atomkernen, und ob Schwarze Löcher[i] mit höherer Dichte existieren, ist zumindest umstritten.[ii]

In Dickes Kosmologie hat diese Dichte, die uns andernfalls als eine willkürliche Laune der Natur erscheinen müsste, erstmals eine Bedeutung. Sie würde genau jenen tiefen Zusammenhang zwischen Kosmologie und Atomphysik herstellen, von dem Dirac gesprochen hatte.

Was hätte Einstein gesagt?

> *„Ihre Berechnungen sind richtig, aber Ihre Physik scheußlich.“ – Einstein zu Georges Lemaître, der das Urknallmodell propagierte.*

In Anbetracht dessen, dass die hier dargelegte Kosmologie eine naheliegende Konsequenz von Einsteins Idee von 1911 ist (hätte er Gelegenheit gehabt, sie mit kosmologischen Daten zu vergleichen), sollten wir nochmals darauf zurückkommen, was Einsteins Vorstellung eines naturphilosophisch befriedigenden Kosmos mit einfachen Gesetzen war.

---

[i] Die Idee, dass ein Körper so messereich sein kann, dass kein Licht mehr entkommen kann, wurde ab den 1950er Jahren unter dem Namen „Schwarzes Loch“ populär. Sie geht aber schon auf John Michell (1784) zurück.

[ii] Es gehört ohnehin zu den schwer verständlichen Annahmen der konventionellen Gravitationstheorie, dass extrem massereiche schwarze Löcher mit sehr geringer Dichte existieren sollen.

Einstein hing sehr an einem statischen Universum, das für alle Zeit existierte. Als durch die Hubble-Rotverschiebung dieses statische Universum unwahrscheinlich wurde, setzte sich die Idee in der Form eines *Steady-state*-Universums fort, das bedeutet eine Dynamik ohne Zustandsänderung, vergleichbar einer gleichmäßig sprudelnden Quelle. Neuere Forschungen scheinen zu zeigen, dass Einstein sogar das erste Steady-state-Modell konstruiert, es aber dann verworfen hat.[63] Diese bis in die 1960er Jahre sehr populären Modelle erlaubten zwar eine Dynamik, vermieden aber die Vorstellung eines Urknalls durch andere Mechanismen wie beispielsweise Materieerzeugung. Trotz der großen Schwierigkeiten des herkömmlichen Urknallmodells waren diese Alternativen aber zu exotisch, um allgemeine Anerkennung zu finden. Zudem sind sie meist nicht der Ausbund an Einfachheit, wie Einstein es sich wünschte. Es handelte sich um eine klassische Situation in der Wissenschaftsgeschichte, in der sich die Forschergemeinde zwischen zwei Möglichkeiten zu entscheiden hatte, die vermeintlich alternativlos waren. Einsteins Idee von 1911 legt aber nahe, dass sowohl das herkömmliche Urknallmodell als auch die Steady-state-Theorie falsch sind.

Erwiesenermaßen war Einstein kein Anhänger des Urknallmodells, und seine Abneigung gegen einen expandierenden Kosmos hatte ja ihre Berechtigung: Es fehlt ja tatsächlich an einem tieferen Grund, warum das Universum materiell expandieren sollte. Seit Hubbles Entdeckung der Rotverschiebung als Expansion interpretiert wurde, haben wir uns viel zu sehr an diese letztlich willkürliche Komplikation der Natur gewohnt. Im weiteren Sinne ist auch die Hubble-Expansion eine Ausrede, eine Komplizierung im wissenschaftstheoretischen Sinne: Solche Ad-hoc-Hypothesen werden postuliert, um unerwartete Beobachtungen zu beschreiben, ohne dass es eine grundlegende Rechtfertigung für die Existenz des Effekts gäbe.

Aus Einsteins Grundidee und Dickes Ansatz lässt sich eine erstaunliche Synthese der brauchbaren Teile von Urknall und *steady state* bilden: Das Universum ist einerseits statisch, andererseits hat es einen Beginn, den man als Urknall bezeichnen kann. Gleichzeitig werden eine Reihe der herkömmlichen Schwierigkeiten vermieden.

Ebenso mysteriös wie interessant ist, dass das Universum zur Zeit des Einteilchen-Urknalls *nur* aus Elementarteilchen bestand – sie füllten den Kosmos ohne Zwischenräume aus. Dieses Modell beschreibt nicht nur die Beobachtungen, sondern zeichnet sich vor allem durch eine bestechende Einfachheit aus. Man kann sicher sein, dass nicht nur Dicke und Dirac, auf die es zurückgeht, fasziniert wären, sondern vor allem auch Einstein, der sich brennend für den Kosmos interessiert hatte, auch wenn es ihm durch eine unselige Laune der Geschichte nicht rechtzeitig vergönnt war, das Universum in seiner Größe zu ermessen.

Kapitel 11

Zurück vor Newton?

Was uns zwingt, die Begriffe von Raum und Zeit zu hinterfragen

Ich habe mit mir gerungen, ob ich Ihnen dieses Kapitel zumuten soll. Ich befürchtete, Sie könnten es als zu grüblerisches Zwischenspiel empfinden. Wie sich die unbekannten Ideen von Mach, Einstein, Dirac, Schrödinger und Dicke überraschend kombinieren lassen, war eigentlich schon der Höhepunkt dessen, was ich mitteilen wollte, und Sie sind vielleicht jetzt gespannt, welche Belege sich für diese Idee in den Beobachtungen der Kosmologie finden lassen (was ich in den Kapiteln 12 und 13 ansprechen werde).

Ich spüre Befriedigung, den Ideen dieser alten Denker so weit nachgespürt zu haben, aber es gibt auch nagende Zweifel, wie es weitergeht. Nicht dass ich etwas zurückzunehmen hätte, aber die bis hierhin entwickelten Gedanken münden in einen Weg, bei dem sich ungeahnte begriffliche Schwierigkeiten auftun. Es ist so, als ob nach einer anstrengenden Bergtour eine noch höher aufragende Wand erscheint. So hoffe ich, Ihr Interesse für die Kosmologie nicht zu bremsen, wenn ich den vorigen Überlegungen einen nachdenklichen Ausklang gebe. Aber ich kann hier nicht verschweigen, was mich bei meiner andauernden Suche umtreibt.

Es erleichtert mir aber die Argumentation, dass Einstein sich sehr mit Naturkonstanten beschäftigt hat, und wir nehmen diese Überlegungen auf. Die Idee von 1911 zur variablen Lichtgeschwindigkeit könnte revolutionäre Konsequenzen haben, insbesondere eine Erklärung der Gravitationskonstante G. Aber vollendet sie unser Verständnis der Naturgesetze? Welche offenen Fragen bleiben auch dann noch unbeantwortet? Einsteins Überzeugung, dass es keine willkürlichen Größen in der Natur geben sollte, führt letztlich zur Frage nach dem Ursprung der verbleibenden Naturkonstanten. Dieses Problem berührt die Frage nach Raum und Zeit selbst. Einstein hat sie sich zeitlebens gestellt:

> *„Der normale Erwachsene denkt nicht über die Raum-Zeit-Probleme nach. Alles, was darüber nachzudenken ist, hat er nach seiner Meinung bereits in der frühen Kindheit getan. Ich dagegen habe mich derart langsam entwickelt, dass ich erst anfing, mich über Raum und Zeit zu wundern, als ich bereits erwachsen war. Naturgemäß bin ich dann tiefer in die Problematik eingedrungen als ein gewöhnliches Kind."*

Einsteins Diktum „Willkürliche Konstanten kann es nicht geben" repräsentiert eine philosophische Überzeugung, mit der man übereinstimmen kann oder nicht. Aber in der Wissenschaftsgeschichte hat diese Haltung uns zu Erkenntnissen geführt, auf die *Homo sapiens* durchaus stolz sein kann. Die logische Konsequenz kann nur sein, jegliche Willkür aus den Naturgesetzen zu entfernen, ein Thema, zu dem sich Einstein wiederkehrend geäußert hatte. Mit dem Satz „Ich wollte wissen, ob der Schöpfer eine Wahl hatte" legt er nahe, dass er an diese Wahlfreiheit nicht glaubte. Er wollte die Natur verstehen. Ganz.

Gravitationskonstante und Kilogramm werden obsolet

Das geozentrische Weltbild der mittelalterlichen Astronomie war mit seinen sehr vielen willkürlichen Zahlen nicht gerade eine denkökonomische Beschreibung der Realität. Newtons Gravitationsgesetz vereinfachte revolutionär – anstatt Hunderten von Parametern regierte nur eine einzige Gravitationskonstante G, von der man annahm, sie sei überall im Universum gleich groß. Ich habe in den zurückliegenden Kapiteln Ihnen versucht nahezubringen, dass man die Ansätze von Einstein, Dicke und Sciama überraschend weiterentwickeln kann. Damit würde die Gravitationskonstante überflüssig, das heißt, auf Daten des Weltalls zurückgeführt.

Dies kommt insofern überraschend, weil man meinen möchte, G habe schon allein deshalb eine Existenzberechtigung, weil darauf unser Einheitensystem aus Meter, Sekunde und Kilogramm beruht. Wir hatten in Kapitel 2 die Planck-Einheiten $\sqrt{\frac{Gh}{c^3}}$ für Meter, $\sqrt{\frac{Gh}{c^5}}$ für Sekunde und $\sqrt{\frac{hc}{G}}$ für Kilogramm betrachtet, wenn auch die Zahlenwerte winzig waren. Diese Planck-Einheiten haben zu einer ganzen Reihe von Missverständnissen und esoterischen Konzepten geführt. Unbestreitbar sind aber drei Naturkonstanten notwendig, will man drei Einheiten Meter, Sekunde und Kilogramm behalten. Macht man dagegen G überflüssig, würde dies auch die Einheit Kilogramm obsolet werden lassen.

In der Tat kann man die Trägheit, seit Newton die intrinsische Eigenschaft aller Massen, als inverse Beschleunigung zu quantifizieren. Das Newton'sche Gesetz $F = m{\cdot}a$ wird dabei als Definition mit in die Naturgesetze eingebaut. Es kommt in der Wissenschaftsgeschichte oft vor, dass zunächst mehr Begriffe gebildet werden als nötig, dann ein Zusammenhang zwischen diesen gefunden wird („Naturgesetz") und man später dieses Naturgesetz als Definition verwendet, um zu einem sparsameren Begriffssystem überzugehen.

Früher waren zum Beispiel die Begriffe Temperatur und kinetische Energie getrennt. Dann erkannte man, dass Temperatur nichts anderes als die mittlere kinetische Energie der Teilchenbewegung ist, und stellte das „Naturgesetz" $\frac{1}{2} mv^2 = kT$ auf. Man kann aber auch diese Beziehung als Definition der Temperatur ansehen, die damit ihre Eigenständigkeit verliert und zu einer abgeleiteten Größe wird. Wendet man eine entsprechende Überlegung auf G an, kann man also die gesamten Naturgesetze auch ohne die Einheit kg formulieren und stattdessen inverse Beschleunigungen mit der Einheit s^2/m verwenden.

Zwei Möglichkeiten, die Massen loszuwerden

Zwar ist es noch nicht klar, wie in einer grundlegenden Theorie eine inverse Beschleunigung einer Masse zugeordnet wird, jedoch wird dabei sicher eine der folgenden numerischen Referenzen zu einer „fundamentalen" Beschleunigung der Natur auftauchen. Es gibt im Wesentlichen nur zwei Möglichkeiten. Man kann den Kosmos als Ganzes betrachten und eine Beschleunigung durch den Term c^2/R_u gewinnen, wobei R_u der Radius des Universums ist. Darunter könnte man sich jene Beschleunigung vorstellen, die seit dem Urknall die Dinge bis auf die Lichtgeschwindigkeit beschleunigt hat, oder wahlweise eine Zentripetalbeschleunigung, die nötig wäre, um die entferntesten Massen des Weltalls auf einer Kreisbahn mit der Geschwindigkeit c zu halten.[i] Naheliegend wäre es, dieser sehr geringen Beschleunigung $c^2/R_u = 7\cdot 10^{-10}$ m/s^2 die Masse des Universums zuzuordnen. Reizvoll ist dabei, dass gerade diese Beschleunigung immer dort aufzutreten scheint, wo sich Beobachtungsanomalien der „Dunklen Materie" zeigen, etwa an den Rändern von Galaxien.

Fundamentaler ist es aber wohl, sich mit der Neudefinition der Masse auf den Mikrokosmos zu konzentrieren. Wir haben in Kapitel 9 schon die interessante Koinzidenz $h \approx c\cdot r_p\cdot m_p$ kennengelernt und gesehen, dass sie eine Form der Dirac'schen Ver-

---

[i] Es ist sicherlich bemerkenswert, dass die Phänomene der sogenannten „Dunklen Materie" sich sämtlich in diesem Beschleunigungsbereich abspielen, insbesondere die Rotationskurven von Galaxien.

mutung ist. Wenn der Ausdruck eine Bedeutung hat, dann kann man sich ein Proton (oder Neutron) als ein mit *c* rotierendes Objekt mit dem Radius r_p vorstellen. Hier gibt es aber wieder eine natürliche Kreisbeschleunigung c^2/r_p, die man dann der Masse des Protons zuordnen würde.[i]

Es gibt sogar noch eine weitere Rechtfertigung dafür. Die räumliche Veränderung der Lichtgeschwindigkeit (genauer: der Gradient von ¼ c^2) stellt die lokale Gravitationsbeschleunigung dar, aber wenn man Diracs Bezug zu den Elementarteilchen ernst nimmt, könnte es auch sein, dass diese Beschleunigung auch für andere Kräfte gilt, bzw. die Kernkraft eine unerkannte Form der Gravitation darstellt.[ii]

Und schließlich gibt es noch einen faszinierenden Aspekt dieser Vereinfachung von Einheiten. Ersetzt man kg durch s^2/m, so wird die Einheit der Naturkonstante *h* entsprechend zum Produkt aus Meter und Sekunde. Damit ließe sich die Einheit Meter aus $\sqrt{hc}$ gewinnen und die Einheit Sekunde aus $\sqrt{\frac{h}{c}}$. Wo vorher drei Konstanten für die Einheiten m, s und kg verantwortlich waren, reduzieren sich diese nun auf zwei.

Das Wirkungsquantum *h* ist besonders bekannt durch sein Auftreten in der Heisenberg'schen Unschärferelation, die es verbietet, gleichzeitig Ort und Impuls eines Teilchens zu messen. Die Unschärferelation verbindet normalerweise Begriffspaare wie Ort/Impuls, Energie/Zeit usw., bei denen das Produkt der Einheiten die Einheit von *h* ergibt. Das neue Einheitensystem mit Meter mal Sekunde für *h* legt noch eine weitere Vereinfachung

---

i Allerdings ist in dieser Definition noch kein präziser Wirkungsmechanismus definiert, der sie eindeutig von anderen möglichen Definitionen abhebt.

ii Bevor hier die Kernphysiker aufschreien: Heisenberg war zum Beispiel auch überzeugt, dass an der herkömmlichen Klassifikation etwas nicht stimmt. (Ann. Ph. 32 ;1938, S. 29) nahe: Heisenbergs berühmtes Gesetz müsste sich dann als Raum-Zeit-Unschärfe formulieren lassen.

c hatte Newton nicht vorhergesehen

Macht man sich klar, dass die Einheit kg eigentlich überflüssig war, kommt die Frage auf, welche Existenzberechtigung denn die verbleibenden Einheiten Meter und Sekunde haben.[i] Können wir diese alltäglichen Wahrnehmungen wirklich jemals durch etwas „besseres" ersetzen? Offenbar sind sie tief verwoben mit der Existenz der Naturkonstanten h und c. Waren drei Naturkonstanten G, h und c für das Einheitensystem m, s und kg verantwortlich, so benötigen Meter und Sekunde immer noch zwei – h und c.

Darüber nachzudenken ist schon irritierend genug. Können wir überhaupt Physik betreiben, überhaupt Messungen machen, ohne Ergebnisse in Einheiten wie Meter und Sekunde auszudrücken? Meter und Sekunde sind die ureigenen Attribute von Raum und Zeit, der Basis unseres physikalischen Verständnisses seit Newton. Umgekehrt sind sie untrennbar mit der Existenz von h und c verbunden. Meter und Sekunde sind für die Newton'sche Physik also notwendige Einheiten, aber sind h und c ebenso notwendig für die Newton'sche Physik? Sicher nicht! Newton ahnte noch nichts von ihrer Bedeutung. Und aus diesem Grund kommt Newtons physikalisches Vermächtnis, ein grandioses logisches Gebäude von Naturgesetzen, völlig ohne diese Naturkonstanten aus. h und c sind Fremdkörper in der Newton'schen Physik.

Auch wenn es schwer fällt, müssen wir die Inkompatibilität der Newton'schen Physik mit diesen beiden Konstanten zur Kenntnis nehmen. Newton formalisierte das Konzept der Geschwin-

---

[i] Auch hier äußerte Ilse Rosenthal-Schneider (S. 41) im Briefwechsel mit Max Planck den visionären Gedanken, weitere Naturkonstanten überflüssig zu machen.

digkeit präzise als zeitliche Änderung des Ortes, aber die Existenz eines ausgezeichneten Wertes wie *c* war überraschend. Insbesondere die Endlichkeit von *c* musste aus damaliger Perspektive irritierend erscheinen. Insofern war die Beobachtung von Ole Rømer, der 1676 einen numerischen Wert für *c* mit erstaunlicher Genauigkeit aus der Bewegung der Jupitermonde berechnete, schon ein konzeptionelles Problem, konnte aber noch als eine Kuriosität der Astronomie aufgefasst werden.

Richtig ernst für Newton wurde es, als *c* im Rahmen von Einsteins Spezieller Relativitätstheorie auch als Grenzgeschwindigkeit von Materie identifiziert wurde, die keine Masse überschreiten konnte. Das betraf plötzlich den Kernbereich der Newton'schen Erkenntnisse: nämlich wie die Begriffe Ort, Zeit, Geschwindigkeit, Beschleunigung, Masse und Kraft zusammenhingen. Es gibt in der Newton'schen Dynamik nicht den geringsten Grund, warum *c* eine Grenzgeschwindigkeit darstellen sollte. Bei hinreichend großer kinetischer Energie sollte ein Teilchen unendlich schnell werden können. Dass dies nicht so ist und die Newton'schen Gleichungen bei Annäherung an die Lichtgeschwindigkeit immer weniger zutreffen, ist ein klassischer Fall einer Anomalie. Und ein böses Zeichen, wenn man es aus langfristiger, wissenschaftstheoretischer Perspektive betrachtet, wie sie der Philosoph Thomas Kuhn in seinem Werk *Die Struktur wissenschaftlicher Revolutionen* so wegweisend beschrieben hatte – ich werde auf seine Thesen noch ausführlich eingehen. Anomalien sind Krankheitssymptome einer physikalischen Theorie. Mit der Entdeckung der Lichtgeschwindigkeit war Newtons Physik nicht mehr vollständig gesund.

Noch ein Schlag für Newton

Anders, aber im Kuhn'schen Sinne noch deutlicher, stellt das Planck'sche Wirkungsquantum *h* eine Anomalie dar. Da Sie sich wahrscheinlich immer noch wenig darunter vorstellen können, muss ich Ihnen diese merkwürdige Naturkonstante etwas näher bekannt machen. Sie hat die Einheit eines Drehimpulses (kg m/s^2, Masse mal Geschwindigkeit mal Abstand von der Drehachse), und so lässt sie sich auch am anschaulichsten begreifen: Elektronen, die um den Atomkern kreisen, haben als Drehimpuls nur Vielfache von h. Dieser Entdeckung von Niels Bohr ging allerdings Einsteins Formel $E = h{\cdot}f$ voraus, die zeigt, dass h nicht nur für Materie, sondern auch für Licht fundamentale Bedeutung hat. Einen tieferen Grund für die Existenz von h kann die Physik allerdings bis heute nicht nennen, obwohl sie von h in ihren Grundfesten erschüttert wurde.

Niels Bohr (1885-1962) und Max Planck (1858-1947)

Die Messungen zur Strahlung von Schwarzen Körpern, im Jahr 1900 von Max Planck aus zwei anderen Gesetzen elegant zusammengefasst, stellten offensichtlich einen Widerspruch zur konventionellen („klassischen") Physik dar. h verbietet es, gleichzeitig von beliebig kleinen Längen und beliebig kurzen Zeiten zu sprechen. In der prägnanten Formulierung dieser Tatsache, die ihr später Werner Heisenberg mit seiner Unschärferelation ($\mathrm{d}x\ \mathrm{d}p = h$ und $\mathrm{d}E\ \mathrm{d}t = h$) gegeben hat, würden infinitesimal kurze Zeiten zu unendlich hohen Energien und infinitesimal kleine Längen zu unendlich hohen Impulsen führen – offenbar unsinnig.

Dieses Scheitern der Physik Newtons betrifft hier sogar seine ureigene Domäne, die Differenzialrechnung. Newton[i] hatte erst die geeignete Mathematik entwickeln müssen (ein Verdienst, das hier noch unerwähnt geblieben ist), um Begriffe wie zum Beispiel Geschwindigkeit sauber zu definieren. Dieser Zweig der Mathematik heißt sinnigerweise Infinitesimalrechnung, weil er sich mit dem unendlich Kleinen beschäftigt, aber just hier finden die von Newton gefundenen physikalischen Gesetze ihre Grenze – bei kleinen Längen und kurzen Zeitspannen. h muss daher wissenschaftstheoretisch als eine Anomalie angesehen werden, eine Anomalie, die darauf hindeutet, dass die Begriffe von Raum und Zeit für die Beschreibung der Realität letztlich inadäquat sind. Es ist erstaunlich, und wahrscheinlich nur durch die langen Zeitspannen in der Wissenschaftsentwicklung zu erklären, dass dieser Aspekt nicht deutlicher wahrgenommen wurde.

Insbesondere die Mathematiker scheint es nie gestört zu haben, das so elementare Begriffe wie Stetigkeit und Differenzierbarkeit plötzlich irrelevant geworden waren. Das erstaunlich oberflächliche Paradigma der Physik lautet hier im Moment, dass eben bei kleinen Zeit- und Längenskalen „quantenmechanische Korrekturen“ notwendig seien oder Heisenbergs Unschärferelation zu beachten sei – was bitte erklärt das? Leibniz’ Diktum *natura non facit saltus*[ii] ist nichts anderes, als dass die Natur hier der Mathematik gehorchen sollte. Viele in der Physik verwendeten Theoreme der Mathematik können überhaupt nur mit den Konzepten Stetigkeit und Differenzierbarkeit bewiesen

---

i Leibniz hatte die Infinitesimalrechnung parallel entwickelt.

ii „Die Natur macht keine Sprünge“, d. h. alle dynamischen Vorgänge sollten stetig ablaufen.

werden, aber die Quantenmechanik scherte sich nicht darum, diese auszuhebeln – ohne einen aus der Mathematik selbst kommenden Grund für die Existenz von *h* angeben zu können.

Wenn man ehrlich ist und Einsteins Überzeugung von der Einfachheit der Naturgesetze ernst nimmt, kann man im Auftreten der Phänomene *h* und *c* nur eine Falsifizierung der Newton'schen Physik sehen. In den Generationen überdauernden Zeitspannen, in denen sich das Wissen entwickelt hat, wurde dies überdeckt von Erkenntnissen, die für sich durchaus brillant schienen.

> *Wenn es bei dieser verdammten Quantenspringerei bleiben soll, so bedaure ich, mich mit der Quantentheorie überhaupt befaßt zu haben – Erwin Schrödinger*

Relativitätstheorie – die Reparatur des Makrokosmos

Als klar wurde, dass die Lichtgeschwindigkeit auch für die Dynamik von materiellen Körpern eine wichtige Rolle spielte, herrschte um 1900 eine verwirrende Situation. Lorentz und Poincaré haben entscheidende Beiträge zum Verständnis geliefert, aber den Knoten durchschlug Einstein, indem er überaus elegante, neue Gesetze aufstellte, die nicht nur die Beobachtungen perfekt beschrieben, sondern auch noch die Newton'sche Physik als Grenzfall für kleine Geschwindigkeiten gültig sein ließen. Der große Wert der Speziellen Relativitätstheorie liegt in ihrer konzeptionellen Einfachheit, die so verschiedene Phänomene wie Zeitdilatation, Längenkontraktion, Massenzunahme und vieles andere mit nur einer einzigen Konstante beschrieb – der Lichtgeschwindigkeit *c*, die dadurch für Licht und Materie eine fundamentale Bedeutung hatte.

Angesichts der heutigen Ausrichtung der Physik mit einer unübersichtlichen Anzahl von willkürlichen Konstanten mag es vermessen wirken, sich mit dieser Einfachheit noch nicht zufrieden zu geben. Dennoch war *c* aus dem Blickwinkel der Newton'schen Physik eine unerklärte Konstante, und es könnte sein, dass es eine zu viel war. So wie heute zahlreiche neue Parameter das Unverständnis übertünchen, könnte auch das Verwenden von *c* in Naturgesetzen ein subtiles Einkleiden von Unverstandenem sein. Einstein – so genial seine Relativitätstheorie ist – reparierte die Newton'sche Physik, um nicht ihre Grundlagen in Frage stellen zu müssen. Er schonte die Newton'schen Begriffe Raum und Zeit. Im Kuhn'schen Sinne (aber in der Wissenschaftsgeschichte gelten so lange Zeitspannen) muss man sagen, dass das Paradigma der Begriffe von Raum und Zeit von Newton entwickelt und von Einstein zweieinhalb Jahrhunderte später nur verfeinert wurde. Vielleicht hätte man es aber grundsätzlich in Frage stellen müssen.

> *Gewiß wird die auf das Studium der Relativität verwendete, immer mehr anschwellende, Gedankenarbeit nicht verloren gehen, sie ist heute schon für die Mathematik fruchtbringend und von bleibendem Wert, wird sie sich aber in dem physikalischen Weltbild einer ferneren Zeit, das sich in eine durch mannigfache weitere neue Einsichten erweiterte Welt einzupassen hat, behaupten können, wird sie in der Geschichte dieser Wissenschaft mehr wie ein geistreiches Aperçu bedeuten? – Ernst Mach*

Quantentheorie – die Reparatur des Mikrokosmos

Nicht weniger bedeutend als Einsteins Relativitätstheorie ist die Theorie, die die Planck'sche Konstante *h* in die Physik integrierte – die Quantenmechanik. Obwohl Einstein auch hier einen entscheidenden Anstoß geliefert hat, ist die Quantentheorie ohne die Beiträge von Planck, Bohr, Heisenberg, Schrödinger und Dirac undenkbar. Die Art und Weise, wie die Atomphysik

Anfang des 20. Jahrhunderts durch das Auftauchen von h revolutioniert wurde, ist wahrscheinlich einzigartig. Auch hier hilft zur Einordnung der Blick auf die Kuhn'sche Theorie der Paradigmata. Die Idee der Vereinfachung der Naturgesetze durch weniger Parameter wird mehrmals hintereinander sichtbar. Planck selbst gelang eine vereinfachende Zusammenfassung der Strahlungsgesetze von Wien und Rayleigh-Jeans, und der Siegeszug der von ihm eingeführten Konstante h setzte sich mit weiteren revolutionären Vereinfachungen fort: Einstein erkannte, dass h nicht nur um eine Kuriosität der Schwarzköperstrahlung war, sondern eine fundamentale Eigenschaft von Licht, das Energie nur in bestimmten Portionen $E = hf$ abzugeben schien – eine Interpretation, der Planck übrigens heftig widersprach. Einstein hat insofern zur Anerkennung von h mehr beigetragen als Planck selbst.

Schließlich war es Niels Bohr, der wohl die Einheiten der Konstante – es handelte sich offenbar um einen Drehimpuls – betrachtete und in einem Geniestreich ihre Bedeutung für die Atomphysik erkannte: Elektronen, die den Atomkern umkreisen, mussten stets ein Vielfaches von h als Drehimpuls haben! Dies war ein Höhepunkt der Quantenmechanik (Heisenberg und Schrödinger entwickelten mathematische Formalismen, die den Ansatz von Bohr rechtfertigten), und es kam zu weiteren Vereinfachungen in der Form der Elimination von Naturkonstanten. Johann Jakob Balmers Konstante,[i] gefunden 1885 in den Spektren des Wasserstoffatoms, wurde in einer Formel erklärt, die h enthielt.

---

[i] Die sogenannte Rydberg-Konstante mit dem Wert $1{,}09737316 \cdot 10^7$ pro Meter

Revolutionäre Entdeckung oder nur Rettung der Konventionen?

So sensationell diese Entwicklungen waren – von den Auswirkungen auf die Technik und Zivilisation ganz zu schweigen – sie können nicht darüber hinwegtäuschen, dass das Gebäude der Quantenmechanik zwar eine wunderbare Beschreibung der Phänomene des Wirkungsquantums *h* lieferte, letztlich jedoch das grundlegende Problem verdeckte: die Inkompatibilität mit der Newton'schen Physik und ihren Begriffen Raum und Zeit. Eigentlich war die Newton'sche Physik durch die Quanteneffekte falsifiziert.

Denn ebenso wie im Fall von *c* war das Auftreten von *h* durch die Newton'schen Gesetze sicher nicht vorhergesagt. So wie die Lichtgeschwindigkeit eine Grenze im Großen darstellt, jenseits derer Newton nicht mehr anwendbar ist, so ist *h* eine Grenze im Kleinen, unterhalb derer die herkömmliche Mechanik dramatisch ihre Gültigkeit verliert. Es gibt in der Newton'schen Mechanik nicht den geringsten Grund, warum Größen wie Längen, Zeiten, Geschwindigkeiten, Energien usw. nicht beliebig klein werden können.

Es mag abwegig klingen, die wohl größten Leistungen der Physik – die Relativitätstheorie und die Quantenmechanik – als ungeeignete Konstruktionen zu bezeichnen. Es wäre auch falsch, weil das Verdienst der Theorien ja gerade darin besteht, dass sie eine Vielzahl von Naturphänomenen auf wenige einfache reduzierten. Zwei Konstanten, *h* und *c*, sind in diesem Sinne enorm wenig. Wenn wir den Fortschritt bis dahin schätzen, dürfen wir aber auch vor der nächsten Konsequenz nicht Halt machen: Wenn *h* und *c* selbst sich als obsolet herausstellen, würde das mit einem noch tieferen Verständnis einhergehen und zu neuen Begriffen führen, die für fundamentale Naturbeschreibung geeigneter sind als Raum und Zeit.

Wie man auch immer dazu steht, man kann nicht leugnen, dass h und c eine Komplizierung der Naturgesetze darstellen. Einfacher war die Physik ohne Quantenmechanik und Relativitätstheorie – wenn auch falsch. Nach heutiger Sicht der Dinge ist zu einer einheitlichen Theorie der Physik die Vereinigung von Relativitätstheorie und Quantentheorie nötig, obwohl die beiden Apparate sich sowohl konzeptionell als auch formal fremd sind. Vielleicht ist das Problem aber falsch formuliert, möglicherweise ist keine Vereinigung nötig und möglich, sondern ein Umbau, der die falschen Begriffe von Raum und Zeit durch adäquatere ersetzt.

In ganz langfristiger Perspektive betrachtet, befinden wir uns in einer bizarren Situation. Die Physik entwickelt ein System von Begrifflichkeiten (Länge, Zeit, Geschwindigkeit, Beschleunigung, Kraft, Masse), und mit diesen kraftvollen logischen Strukturen werden der Natur überraschende Geheimnisse entlockt, unter anderem Naturkonstanten wie h, c, G, die Elementarladung e usw. Dabei kristallisiert sich ein offensichtlicher Zusammenhang zwischen der Anzahl der Begriffe und der Anzahl der Naturkonstanten heraus. Fortschritte im Verständnis führen zu einer Verringerung der Anzahl der Naturkonstanten (obwohl die zeitgenössische Physik gerade in die gegenläufige Richtung unterwegs ist) und damit auch zu einem sparsameren Begriffssystem. Aber wo ist das Spiel zu Ende? Können wir die Physik noch besser verstehen und mit noch weniger Konstanten auskommen? Sicher nicht, ohne die Begriffe von Raum und Zeit anzutasten. Offenbar ist jeder derartige „physikalische" Begriff schon ein Stück Unverständnis. Wir haben die Naturgesetze erst dann durchblickt, wenn diese Begriffe obsolet geworden sind, weil sie sich unmittelbar aus der Mathematik ergeben. Angesichts meiner andernorts geäußerten Kritik an sinnlosen Mathematisierungen mag diese Aussage vielleicht manchem als merkwürdig erscheinen. Tatsächlich denke ich aber, dass die (richtigen) mathematischen Zusammenhänge, derer sich die Natur bedient, noch nicht entdeckt sind.

Auskommen ohne Raum und Zeit

Dies hätte allerdings irritierende Konsequenzen. Denn die verbleibenden Begriffe Raum und Zeit sind so tief in unserer Alltagserfahrung verwurzelt, dass man sich beim besten Willen nicht vorstellen kann, sie eines Tages zu ersetzen. Vor allem aber rüttelt so ein Zweifel an den seit Newton gültigen Axiomen der Physik selbst – nicht nur die zeitgenössische und die moderne Physik (d. h. um 1900) stünde auf dem Spiel, sondern die gesamte bis jetzt entwickelte Naturwissenschaft! Praktisch alle Begriffe der Physik gehen auf Newton zurück. Vielleicht war es aber verhängnisvoll, dass er zwei davon nicht hinterfragte: Raum und Zeit.

Denn die Verbindung zwischen diesen undefinierten Dimensionen Meter und Sekunde einerseits und den Naturkonstanten h und c andererseits ist offensichtlich. Meter ergibt sich aus der Kombination $\sqrt{hc}$ und Sekunde aus $\sqrt{\frac{h}{c}}$. Wenn aber h und c einen bisher unverstandenen Ursprung haben, dann sind auch Raum und Zeit selbst unverstandene Begriffe. Keinesfalls dürfen wir sie als gegeben hinnehmen, weil sie im Alltag so leicht erfahrbar sind, denn mit diesem Argument könnte man alle primitiven deskriptiven Begriffe auch rechtfertigen. Und natürlich ist diese Überlegung keine Kritik an Newton – das von ihm geschaffene Begriffssystem hat ja letztlich die Physik als solche erst ermöglicht. Die Existenz der Lichtgeschwindigkeit c und des Wirkungsquantum h konnte er aber nicht ahnen. Umso ernster müssen wir aber die Tatsache nehmen, dass diese beiden Konstanten sich zwingend aus den Beobachtungen ergeben haben, entgegen der damaligen Erwartung, dass Newtons Gesetze die Physik schon perfekt beschreiben. h und c sind also Anomalien im Sinne der Wissenschaftstheorie von Thomas Kuhn. Das Paradigma, das dabei gefährdet ist, so elementar wie nie zuvor: Raum und Zeit.

Unbekannte neue Begriffswelt

„Das Buch der Natur ist in der Sprache der Mathematik geschrieben." – Galileo Galilei

Genau hier müsste man auch ansetzen – wo in der Mathematik gibt es algebraische Strukturen, die das für *h* charakteristische Verhalten zeigen? Solche Elemente gibt es durchaus – etwa die nichtlinearen Effekte, wenn man Drehungen im dreidimensionalen Raum kombiniert. Aber es ist der Mathematik noch nicht gelungen, eine Beschreibung der Realität zu liefern, die das Auftreten von *h* denknotwendig bedingt. Einsteins wiederkehrende Bemerkung über Naturkonstanten „Ich wollte wissen, ob der Herrgott ein Wahl hatte" blieb hier bis heute unbeantwortet.

Einsteins Kritik an der Quantenmechanik verdeckte ein wenig, wie stark er an der Entdeckung von *h* beteiligt war. Sein Ausspruch „Der Alte würfelt nicht" war übrigens nicht generell gegen den Zufall gerichtet, denn er forderte lediglich, man möge eine Begründung liefern, warum sich Prozesse auf der Ebene der Elementarteilchen der Berechnung entziehen: „Ich sage ja nicht, *probabilitatem esse delendam,* sondern *esse deducendam*"[i]. Einstein war es, der gegen den ausdrücklichen Widerstand des Entdeckers Planck dem Wirkungsquantum erst seine fundamentale Rolle in der Physik verschaffte. Mit Einsteins Namen sind daher die beiden größten Rätsel verbunden, die die Physik noch zu lösen hat: *h* und *c*. Aber höchstwahrscheinlich muss man dazu die Newton'sche Physik von Raum und Zeit noch mehr revolutionieren, als Einstein dies möglich war.

Die Rätselhaftigkeiten der Quantentheorie werden auch oft mit dem „Dualismus" von Welle und Teilchen illustriert, ein Be-

---

[i] Sinngemäß „Die Wahrscheinlichkeit soll nicht zerstört, sondern begründet werden". Eine Anspielung auf den beharrlich wiederholten Ausspruch von Cato dem Älteren „*Ceterum censeo Carthaginem esse delendam*" im alten Rom, der die Zerstörung Carthagos einforderte.

griff, den vor allem Niels Bohr entwickelt hat. In der Tat ist es erstaunlich, dass manche Experimente wie etwa Elektronenbeugung an Kristallen ganz deutlich für die Wellennatur von Materie sprechen (bei Licht ist sie ohnehin klar), andererseits Licht sich im Photoeffekt (Einstein bekam den Nobelpreis dafür) wie ein Teilchen benimmt. Eine unglaubliche Flut von Veröffentlichungen hat sich bisher dazu über die Interpretation der Quantenmechanik ergossen. Wahrscheinlich sind aber Welle und Teilchen einfach falsche Begriffe, die auf unserer herkömmlichen Vorstellung von Raum und Zeit beruhen.

Wirklich wundersam ist dagegen, warum sich die Welt in so unterschiedlichen Phänomenen wie Licht und Materie präsentiert. Dies ist das eigentliche Rätsel, das einer Erklärung harrt, und ganz klar ist es verbunden mit dem Rätsel der Existenz von Naturkonstanten: c gehört zu Licht, ebenso wie h zur Materie. Weder für das eine Paar noch für das andere haben wir bis heute eine Erklärung.

Kapitel 12

Vergessen ja, verborgen nicht

Einsteins Idee ist längst sichtbar – als Dunkle Energie

Wie dieses Kapitel zeigt, sprechen die wichtigsten kosmologischen Beobachtungen dafür, dass Einstein mit der veränderlichen Lichtgeschwindigkeit auf dem richtigen Pfad war. Gleichzeitig wird einem dabei auch bewusst, wie schwer es ist, bestehende Fehlvorstellungen zu korrigieren, die seit Jahrzehnten in der Wissenschaftsgemeinde etabliert sind.

Die wohl wichtigste kosmologische Entwicklung der letzten Jahrzehnte ist die sogenannte *beschleunigte Expansion* des Universums, auch bekannt unter dem Terminus „Dunkle Energie", eine hypothetische Substanz, welche die bis dahin unerklärliche Beschleunigung der Expansion rechtfertigen soll. So fragwürdig diese Begriffe auch sein mögen, zugrunde liegt dennoch eine bedeutende Entdeckung.

In den 1990er Jahren begannen sich zwei Forschergruppen für Supernova-Explosionen zu interessieren. Diese Sternexplosionen sind extrem selten – wir können kaum eine pro Jahrhundert in der Milchstraße erwarten. Durch die schiere Anzahl der vom Hubble-Weltraumteleskop fotografierten Galaxien konnte man nun aber auf viele Supernova-Explosionen pro Jahr hoffen. Die Wissenschaftler fanden eine geschickte Methode zur systematischen Suche und konnten schon bald viele Supernovae in den Weiten des Universums entdecken.

Diese Explosionen sind für die Kosmologie deswegen von großer Bedeutung, weil sie eine relativ genaue Entfernungsmessung erlauben. Man glaubt zumindest zu verstehen, unter welchen Bedingungen Sterne explodieren, und kennt daher die absolute Helligkeit eines solchen Ereignisses. Ist das Leuchten im Teleskop dennoch schwach, kann man sehr große Distanzen daraus errechnen. Allerdings sind eben doch nicht alle Explosionen gleich hell, und dies beeinträchtigte die Genauigkeit der Entfernungsmessung.

Ein Forscher in den beiden rivalisierenden Gruppen hatte die sehr gute Idee, die Helligkeiten verschiedener Explosionen zu vergleichen. Man stellte fest, dass hellere Explosionen länger dauern, während Supernovae von geringer Leuchtkraft oft schon nach wenigen Tagen verblassen.[i] Unabhängig vom genauen Verständnis des Explosionsprozesses schaffte man es damit, eine bisher nie dagewesene Genauigkeit in der Entfernungsmessung auf kosmologische Distanzen zu erreichen. Völlig zu Recht teilten sich die beiden Gruppen 2011 den Nobelpreis. Das Resultat erlangte allerdings seine Bekanntheit durch eine Überraschung: Die Daten stimmten überhaupt nicht mit dem kosmologischen Standardmodell überein.

Kosmische Leuchtfeuer nicht so hell wie erwartet

Worin lag dieser Widerspruch? Man muss sich klar machen, dass entfernte Supernova-Explosionen gleichzeitig einen Blick in die ferne Vergangenheit darstellen, da ja ihr Licht Milliarden Jahre brauchte, um unsere Teleskope zu erreichen.[ii] Die Be-

---

i Die hellste sichtbare Supernova der Astronomiegeschichte ereignete sich übrigens im Jahr 1054 und war in China einen ganzen Monat lang am Taghimmel (!) zu beobachten.

ii Auch hier scheint man wieder eine Quelle von Unsicherheiten unterschätzt zu haben, vgl. Milne et al. (2014) http://arxiv.org/pdf/1408.1706.

obachtung von Supernova-Explosionen in unterschiedlichen Entfernungen zeugt von der dynamischen Entwicklung des Universums: Jede Einzelexplosion gibt nach der Modellvorstellung Auskunft über die Ausdehnungsrate, und die Summe der Beobachtungen liefert uns eine Art Film, in dem wir die Evolution des Kosmos betrachten können.

Offensichtlich entsprach dieser Film nicht den Erwartungen: Entfernte Supernovae erschienen zu leuchtschwach. Wenn man allerdings annahm, dass das Universum ab einem bestimmten Zeitpunkt eine beschleunigende Kraft entwickelte, die es stärker auseinandertrieb, war man wieder im Einklang mit den Daten. Daraus entwickelte sich die Bezeichnung „beschleunigte Expansion". Warum war dieser Schluss trotzdem voreilig?

Wenn ein Ergebnis von den Erwartungen abweicht, also eine Anomalie darstellt, dann kann es sein, dass es sich um einen neuen Effekt handelt. Es kann aber auch sein, dass die Erwartungen auf falschen Annahmen basierten. Eine Annahme war natürlich, dass das Universum überhaupt expandiert, und diese wurde achtzig Jahre nach Edwin Hubbles Entdeckung der Rotverschiebung natürlich nicht mehr hinterfragt.

In diesem konventionellen Bild sollte die Expansion durch die Anziehungskraft der expandierenden Massen gebremst sein, was man selbstverständlich bei den Erwartungen mit berücksichtigt hatte. Nach dem Einstein-Dicke-Modell expandiert jedoch der Kosmos überhaupt nicht, da die Rotverschiebung allein durch die Alterung des Universums verursacht wird. Logischerweise gibt es dann natürlich auch keinen Grund, warum diese nicht vorhandene Expansion gebremst sein sollte. Die Gravitationskraft wirkt zwar, aber nicht auf jene unnatürlich globale Weise, sondern ruft lediglich lokale Massenkonzentrationen hervor.

Die vermeintliche Beschleunigung der Expansion ist demnach nichts anderes als das Fehlen der Abbremsung, eine geradezu simple Erklärung. Wurde so ein einfacher Mechanismus von den Supernova-Forschern in Erwägung gezogen? Ja und nein. Die „Beschleunigung“ der Expansion als Abwesenheit von Abbremsung zu deuten, war aus den Daten so naheliegend, dass sie sogar den Weg in manche Publikation fand – man nannte dieses Modell „leeres Universum“; in konventioneller Sichtweise wäre es natürlich absurd. Das Universum ist ja alles andere als leer, aber die „Expansion“ sieht tatsächlich so aus, als gäbe es keine Massen. Obwohl die Daten offenkundig dafür sprachen, wurde dies nie ernsthaft erwogen. Die Interpretation als „Dunkle Energie“ hat sich durchgesetzt. Die Vorstellung eines Universums ohne Galaxien, Sterne, Gaswolken, einfach gar nichts, wäre ja auch zu verrückt…

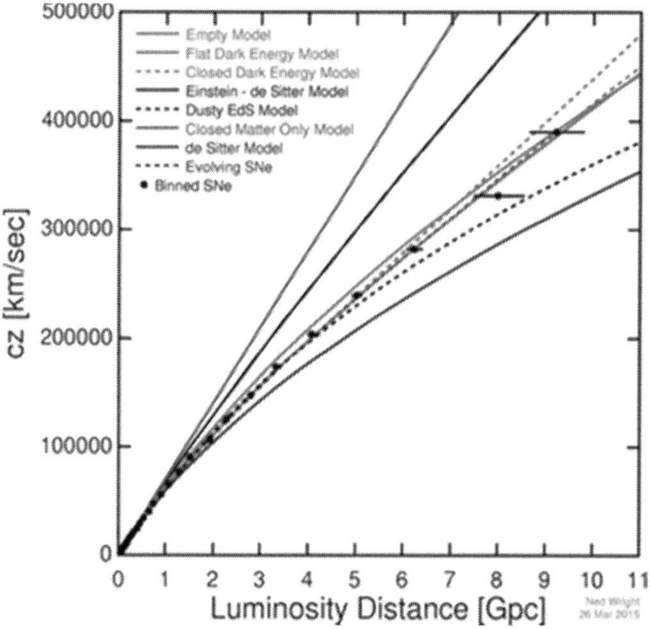

Daten der Supernova-Explosionen (Messpunkte mit Messunsicherheit) und der theoretische Verlauf nach verschiedenen Modellen.[64] *Ganz offensichtlich ist die durchgezogene Linie leicht oberhalb der Punkte (Empty Model) auch gut mit den Beobachtungsdaten vereinbar – und von bestechender Einfachheit. Weil es im konventionellen Modell aber keine Erklärung für ein „leeres Universum“ gibt, wird der Hinweis nicht ernst genommen. [Ned Wright]*

Ganz klar entspricht dieses ganz einfache Modell der ungebremsten Expansion im Sinne von Dicke (die nur scheinbar ist) besser den Beobachtungen als die komplizierte Kombination aus einer realen Expansion und einer vermuteten Abbremsung durch konventionelle Gravitation in Kombination mit der Beschleunigung durch Dunkle Energie. Aber da letzteres Bild die Daten auch „genau" wiedergibt, wird es die Idee von Einstein schwer haben – milde gesagt. Denn die Überzeugung von einigen Tausend, wenn nicht Zehntausend Astrophysikern, die die Dunkle Energie (wenn auch anfangs widerwillig) akzeptiert haben, ist nicht so leicht umzukrempeln.

Vorsicht Lambda

Wenn man es als eine der Kernaussagen dieses Buches betrachten kann, dass das Rätsel der Dunklen Energie mittels einer uralten Idee von Einstein gelöst wird, kann dies zu einem grandiosen Missverständnis führen, vor dem explizit gewarnt werden muss. Einstein hatte zwar leider seine eigene Idee von 1911 vergessen beziehungsweise deren kosmologische Relevanz übersehen. Das bedeutete aber nicht, dass er sich über den Kosmos nicht auch grundlegende Gedanken machte. Es muss für ihn eine unangenehme Überraschung gewesen sein, dass die Gleichungen der geometrischen Version der Allgemeinen Relativitätstheorie, angewandt auf den Kosmos als Ganzes, nicht so einfache Lösungen ergaben, wie dies seinen naturphilosophischen Überzeugungen entsprach.

Insbesondere hatte sich Einstein einen statischen Kosmos gewünscht, der schon ewig in gleicher Form existierte; wie der russische Mathematiker Alexander Friedmann 1917 zeigte, war dies war jedoch nach den Einstein'schen Gleichungen ausgeschlossen. Im gleichen Jahr, also noch lange vor Beginn der beobachtenden Kosmologie, fügte Einstein zu seinen Gleichungen eine sogenannte kosmologische Konstante Λ („Lambda") gleichsam als Flickwerk hinzu, um seine Idee des statischen

Universums zu retten. Später tadelte er sich selbst dafür („Eselei"), und gewöhnlich wird klug angemerkt, er hätte stattdessen lieber die Expansion des Universums vorhersagen sollen, die Hubble 1930 entdeckte. Vielleicht hatte er aber auch in dem Widerwillen gegen die Expansion des Universums völlig zu Recht – in der modernen Kosmologie ist die inhärente Willkürlichkeit und die Frage nach der Ursache der Expansion nur gründlich verdrängt worden.

Jedenfalls geriet die kosmologische Konstante Λ zu Recht in Vergessenheit, bevor sie 1998 wieder ausgegraben wurde[65] – ausgerechnet als Rechtfertigung für die „Dunkle Energie". Die Autoren sahen eine vage mathematische Parallele (schon die physikalischen Einheiten stimmen nicht überein) zu Λ, und prompt wurde auf der entsprechenden Ausgabe der Zeitschrift *Nature* ein pfeifenrauchender Einstein als Hintergrund gewählt. Dass diese Analogie seiner Arbeitsphilosophie zuwiderlief, ist eigentlich nicht schwer zu verstehen: Einsteins mathematische Komplizierung entsprang immerhin dem Wunsch nach physikalischer Einfachheit der Naturgesetze, die er nicht anders zu realisieren sah. Umgekehrt handelt es sich bei Λ beziehungsweise der „Dunklen Energie" um eine offensichtliche, auch konzeptionelle Komplikation, die ihm mit Sicherheit zuwider gewesen wäre. Doch ist er seitdem als (missbrauchter) Kronzeuge der Idee nicht mehr wegzudenken. Die Erklärung für die „Dunkle Energie" findet sich jedoch nicht in seiner Idee einer Kosmologischen Konstante von 1917, sondern in jener ganz anderen Idee von 1911.

Die moderne Interpretation der kosmologischen Daten ist ein Musterbeispiel dafür, dass eine Forschergemeinde, wenn sie lange genug mit ihren Glaubenssätzen aufgewachsen ist, den Wald vor lauter Bäumen nicht sieht. Zu Hubbles Zeiten, als man sich auf die gerade entdeckte Rotverschiebung der Galaxien noch keinen Reim machen konnte, interpretierte man sie, in durchaus naheliegender Weise, als Doppler-Verschiebung von

Objekten, die sich von uns wegbewegen. Der Begriff „receding velocities“ blieb in der Fachliteratur für etwa dreißig Jahre dominant. Die eigentlich notwendige Frage nach dem tieferen Grund für eine Expansion geriet dabei in den Hintergrund – ein typisches Phänomen in der Wissenschaftssoziologie.

Einkleistern des Widerspruchs

Später stellte sich heraus, dass das Postulieren einer Expansionsbewegung nicht ausreichte, um die Beobachtungsdaten zu erklären – eigentlich ein Alarmsignal. 1965 wurde ein unerklärtes Mikrowellensignal des dunklen Nachthimmels als Signal aus der Frühzeit des Kosmos interpretiert.[i] Mittlerweile haben die drei Raumsonden COBE, WMAP und Planck dieses Signal am ganzen Himmel präzise abfotografiert. Dieser sogenannte kosmische Mikrowellenhintergrund widerspricht krass einer Doppler-Verschiebung – das Leuchten müsste um den Faktor 1000 schwächer sein, wäre es wirklich von Objekten ausgesendet worden, die sich von uns wegbewegen. Nach logischen Maßstäben wäre damit das Modell eines expandierenden Kosmos, in dem sich zusätzlich Licht ausbreitet, als wissenschaftliche These widerlegt.[ii]

Wie oft in der Wissenschaftsgeschichte, wunderten sich die Forscher zunächst, machten dann aber zusätzliche Annahmen, die das Modell noch komplizierter werden ließen. Heute geht man davon aus, nicht die im Raum befindlichen Objekte bewegten sich voneinander weg – was eben einer Geschwindigkeit entspräche –, sondern der Raum selbst expandiere. Was soll das bedeuten? Man bezieht sich hier auf ein unsichtbares Konstrukt,

---

i Der Leser bemerkt vielleicht, dass ich mich hier zurückhaltend ausdrücke. Es gibt die bereits erwähnte sehr fundierte Kritik an der Datenauswertung von Pierre-Marie Robitaille, der als Außenseiter gilt, jedoch zumindest in manchen Punkten Recht zu haben scheint.

ii Ein weiterer Hinweis wäre die sogenannte Tolman-Flächenhelligkeit der Galaxien.

denn Signale kommen eben nur von Materie, nicht vom „Raum selbst“. Spricht man von Materie, die sich ausdehnt, hat man gedanklich einen Raum vor Augen, in dem dies geschieht. Aber worin befindet sich ein Raum, der sich ausdehnt? Etwa in einem anderen Raum? Man bemäntelt auf diese Weise den Widerspruch, dass sich materielle Objekte nicht voneinander entfernen (wie zum Beispiel Teile von Galaxien, die sich bekanntermaßen nicht ausdehnen), aber Licht dennoch ins Rote verschoben wird – durch eine „Raumausdehnung“, während das Licht unterwegs ist. Letztlich handelt es sich um das Erfinden einer dritten Entität neben Licht und Materie, den ominösen „Raum“, dem davon unabhängige Eigenschaften zugeschrieben werden, eine mathematisch verbrämte Komplizierung des Weltbildes, die keine physikalische Rechtfertigung besitzt.[i]

Viele Menschen haben sich daran gewöhnt, exotische Konstruktionen zur Beschreibung der Realität hinzunehmen. Sie betrachten Physik wie eine Wanderung durch einen botanischen Garten und erfreuen sich an den Phänomenen, ohne sich dadurch gestört zu fühlen, dass sie diese nicht verstehen. Unbestreitbar ist aber die Komplizierung, die mit diesen Konstruktionen einhergeht – und diese ist ein objektives wissenschaftstheoretisches Krankheitssymptom.

Um wie viel einfacher wäre die Lösung von Einstein und Dicke – es gibt nur den durch Materie definierten Raum (die Idee von Ernst Mach), keine Expansion, und Licht allein breitet sich denknotwendig aus – und wird dadurch, ebenfalls denknotwendig, ins Rote verschoben. Alles ergibt ein konsistentes, logisches Bild. Aber dafür müsste die Wissenschaftsgemeinde lange etablierte Vorstellungen über Bord werfen.

---

[i] Weitere konzeptionelle Probleme der Raumausdehnung wurden von Yurij Baryshev (arXiv.org/abs/0810.0153) diskutiert – leider finden solche Artikel wenig Gehör.

Koinzidenzproblem und ein zweihundert Jahre altes Rätsel

Das Wissen um den historischen und philosophischen Hintergrund macht einen unabhängig von jenen Vorurteilen der Generation, unter denen die meisten Wissenschaftler leiden. Diese durch philosophische Einsicht gewonnene Unabhängigkeit unterscheidet meiner Ansicht nach den bloßen Handwerker oder Spezialisten von dem echten Wahrheitssuchenden. – Albert Einstein

Eine weitere rätselhafte Anomalie wird als Koinzidenzproblem bezeichnet. Schon die Tatsache, dass man ab einem bestimmten Zeitpunkt der kosmischen Evolution eine Beschleunigung postuliert, ist reichlich willkürlich. Wenn man aus der Ausdehnungsrate das Alter des Universums zurückrechnet, ergibt sich aber noch eine weitere Merkwürdigkeit.

Die theoretisch angenommene Abbremsung sowie die vermeintliche Beschleunigung der Expansion kompensieren sich gerade so, dass die momentane Ausdehnungsrate – scheinbar zufällig – perfekt mit dem Alter des Universums übereinstimmt. Natürlich ist dies nur ein anderer Aspekt der vorher genannten Rätsel, aber nur die Einstein-Dicke-Kosmologie erlaubt es, eine Verbindung zwischen dem „Koinzidenzproblem" und dem „leeren Universum" herzustellen.

Daneben gibt es ein noch wesentlich älteres grundlegendes Problem der Kosmologie, das ebenfalls seine Lösung fände, würde man die Konsequenzen von Einsteins Idee von 1911 weiterdenken. Es hängt eng zusammen mit der in Kapitel 10 thematisierten kinetischen und potenziellen Energie. Dass zwei so unterschiedliche Formen existieren, ist überhaupt noch nicht verstanden. Betrachtet man das Universum als Ganzes, kommt eine spektakuläre Auffälligkeit hinzu, der wir schon als „Flachheit" begegnet sind: Kinetische und potenzielle Energie sind näherungsweise gleich groß. Jahrzehntelang war dies das beherrschende Thema der Kosmologie. Warum?

Die Gesamtheit der Massen im Universum besitzt durch ihre wechselseitige Anziehung ebenfalls potenzielle Energie, und die Frage erhebt sich, ob die kinetische Energie der vermuteten Ausdehnungsbewegung größer oder kleiner als jene ist. Im ersten Fall könnte die Gravitationskraft, die das Universum zusammenhält, die Bewegung der auseinanderstrebenden Galaxien niemals vollständig abbremsen, und der Kosmos würde auf ewig expandieren. Dies wurde als offenes Universum bezeichnet. Umgekehrt bezeichnet man ein Universum als geschlossen, dessen Expansion irgendwann zum Stillstand kommt und das in der Folge in sich zusammenstürzt. Dies würde passieren, so nahm man an, wenn die potenzielle Energie die kinetische überwog. Den Zwischenzustand schließlich, der den gleichen Betrag der Energieformen impliziert, bezeichneten die Kosmologen als „flach".

Die Beobachter waren sich lange Zeit uneins, welche Variante im Kosmos nun realisiert war. Dies allein ist schon bemerkenswert. Wie ungewöhnlich die Gleichheit der Energiearten war, wurde aber erst durch eine Überlegung von einem Denker offenbar, den Sie schon kennen: Robert Dicke. Die Betrachtungen zum offenen und geschlossenen Universum publizierte er 1969, also ein Jahrzehnt, nachdem er seinen visionären Ansatz von 1957 wieder aufgegeben hatte, und völlig unabhängig von diesem. Dicke berechnete, wie die zeitliche Entwicklung eines offenen bzw. geschlossenen Universums ablaufen würde, und kam zu einem überraschenden Ergebnis:

Würde die kinetische Energie die potenzielle auch nur um wenige Prozent überwiegen, so hätte sich das Universum in den ca. 10 Milliarden Jahren seit dem Urknall (er glaubte dabei an das konventionelle Modell) derart ausgedehnt, dass die Messungen ganz klar ein offenes Universum gezeigt hätten. Hätte umgekehrt die potenzielle Energie überwogen, so wäre die Expansion wohl schon zum Stillstand gekommen, und wir würden ein kontrahierendes Universum beobachten. Niemand hätte die Frage „offen“ oder „geschlossen“ je aufgeworfen.

Noch einmal Dicke

Dass die heutigen Messungen so nahe an dem Fall des „flachen“ Universums liegen, bedeutet, so berechnete Dicke, dass anfangs das Gleichgewicht zwischen potenzieller und kinetischer Energie auf sechzig (!) Stellen hinter dem Komma austariert gewesen sein musste – sie stimmten also auf 0,000000000000000000000000000000000000000000000000000000000001 Prozent genau überein! An einen solchen Zufall kann man als rational denkender Mensch nicht glauben, und daher ist es die einzig logische Konsequenz, dass unsere Unterscheidung von kinetischer und potenzieller Energie im Kosmos auf einem Missverständnis beruhen muss – die beiden Energieformen müssen aus theoretischen Gründen offenbar *genau* gleich groß sein. Und genau dies kommt heraus, hätte Dicke seine eigene Idee von 1957 ernst genommen!

Demnach hat Einsteins Formel $E = mc^2$ (die eigentlich schon berühmt genug ist) eine noch tiefere Bedeutung: Dass die potenzielle Energie in Gravitationsfeldern abgesenkt ist, drückt sich ja gerade durch eine geringere Lichtgeschwindigkeit aus. Fällt ein Körper in diesen Bereich hinein, erlangt er mit der Geschwindigkeit (nach der Speziellen Relativitätstheorie) eine entsprechend höhere Masse m, die den Verlust an c^2 gerade kompensiert, und E bleibt gleich. Die Unterscheidung zwischen kinetischer und potenzieller Energie ist damit obsolet, ihre Gleichheit wäre per definitionem in der Formel $E = mc^2$ enthalten.

Die Kombination der Ideen von Einstein 1911 und Dicke 1957 würde also eine Lösung für eines der größten Rätsel der Kosmologie eröffnen, ja es gar nicht erst aufkommen lassen. Besonders unverständlich ist daher, dass Dicke, der 1969 als Erster auf dieses gravierende Problem hingewiesen hat, sich an dieser Stelle nicht an seinen genialen Ansatz erinnerte.

Im Folgenden sei noch kurz auf die weitere, wenn auch unerfreuliche Geschichte des Konzepts der „Flachheit" des Universums eingegangen. Mit Beginn der 1970er Jahre wurde die Kosmologie durch eine Reihe von Ideen aus der Teilchenphysik infiltriert, wo man Naturgesetzen gerne in unbekannte Bereiche extrapoliert. Dies kann man je nach Sichtweise als mutig oder auch als größenwahnsinnig bezeichnen. Die sogenannte Inflationstheorie etwa basiert auf der Idee, der Kosmos habe sich in einem Zeitraum von 10^{-35} Sekunden nach dem Urknall mit vielfacher Überlichtgeschwindigkeit aufgebläht. Dies ist zwar hoffnungslos unbeobachtbar und daher evident unwissenschaftlich, wird aber dennoch heute als „Ursache" für die Flachheit des Universums propagiert. Leider steht sogar zu befürchten, dass durch endlose Perpetuierung und ausgekungelte Preisverleihungen der Inflation allmählich der Rang einer „experimentell gesicherten" Theorie zugebilligt wird.

Ich sehe in dieser bizarren Situation allerdings auch einen Hoffnungsschimmer. Je offensichtlicher der Unsinn, desto eher wird eine aufgeklärte Öffentlichkeit sich über die Expertokratie der Wissenschaftsgemeinden hinwegsetzen und deren Dogmen hinterfragen. Wie viel intellektuelle Glaubwürdigkeit besitzt heute noch beispielsweise die Deutsche Physikalische Gesellschaft, wenn sie ihre höchste Auszeichnung für eine Theorie der „Multiversen" während der „kosmischen Inflation" vergibt? Ich hoffe sehr, dass Sie bis hierher schon ein gewisses Bauchgefühl entwickelt haben, um den Gehalt einer tiefen Idee, die schon Einstein hatte, von den modernen Schaumschlägereien zu unterscheiden.

> *Um ein tadelloses Mitglied einer Schafherde sein zu können, muss man vor allem ein Schaf sein. – Albert Einstein*

Wissenschaft im Großbetrieb

Stimmenmehrheit ist nicht des Rechtes Probe. – Friedrich Schiller

Ungeachtet dieser Auswüchse gibt es dennoch eine Vielzahl von ebenso redlichen wie technisch versierten Wissenschaftlern, die noch von der Korrektheit des derzeitigen Modells überzeugt sind. Wir müssen hier eine Klammer aufmachen, um die Situation zu reflektieren, wenn ein populärwissenschaftliches Buch wie dieses sich gegen die von der Mehrheit der Forscher akzeptierte Interpretation kosmologischer Daten stellt.

Typischerweise wird die Mehrheitsmeinung zwar oft über Generationen etabliert, kann sich aber auch plötzlich ändern. Politisch mag ein Mehrheitsprinzip sinnvoll sein, zur wissenschaftlichen Wahrheitsfindung taugt es wenig. Oft haben ganze Communities Beobachtungsdaten übereinstimmend falsch interpretiert.

Wer sich dies bewusst macht, sieht auch, dass die Idee einer idealisierten Wissenschaft, in der die Beobachtung den Richter zwischen „richtigen" und „falschen" Theorien darstellt, hochgradig naiv ist. Zwar hat Wissenschaft einen objektiven Kern, in der Praxis ist es aber regelmäßig eine Interpretation der Daten, auf der unser Bild der Realität basiert.

Dies ist ein zentrales Thema in Thomas Kuhns Buch *The Structure of Scientific Revolutions*. Obwohl unbestritten richtig, werden seine Thesen in der real existierenden Forschung nur oberflächlich wiedergegeben, jedoch im Kern ignoriert. Kuhn hat den Mechanismus eines Weltbildes, das durch Beobachtungsanomalien, willkürliche Annahmen und stetige Komplizierung mit freien Parametern erodiert, so unmissverständlich beschrieben, dass eigentlich jedes vernunftbegabte Wesen diese Muster in der heutigen Kosmologie wiedererkennen müsste. Aber auch die Tatsache, dass die beteiligten Forscher dafür in der Regel blind sind, hat Kuhn schon vorausgesehen.

Ein beliebtes Kriterium, mit dem sich der wissenschaftliche Mainstream von alternativen Meinungen abzugrenzen versucht, ist die „Publikation in einer anerkannten Fachzeitschrift“. Die Mängel dieses sogenannten *Peer-Review-* Systems sind so hinlänglich diskutiert worden, dass sie hier nicht wiederholt zu werden brauchen. Darüber hinaus ist das Kriterium aber einfach falsch – es gibt vielfach publizierte Ergebnisse, die das derzeitige Modell kritisieren, zerlegen, Alternativen anbieten – aber solange die Mehrheit dem nicht zuhört, zieht die Karawane weiter.

So hat zum Beispiel der bekannte Astrophysiker Fritz Zwicky (1898–1974) schon vermutet,[66] es gebe überhaupt keine Anziehungskraft zwischen den Galaxien – aber da dieses Bild (leeres Universum) in kein Schema passt, wird der Artikel nie zitiert. Es bleibt eine Kuriosität, die Schulterzucken auslöst, aber kein grundlegendes Nachdenken. Ebenso verhält es sich mit den Galaxien, die zu klein sind, mit dem Koinzidenzproblem oder mit der mysteriösen Flachheit.

Letztlich sind dies Phänomene, mit denen Forscher in Zeiten von „Normalwissenschaft“, wie sie Thomas Kuhn bezeichnet, nichts anzufangen wissen. Rätselhafte Zusammenhänge, die sich einer unmittelbaren und billigen Erklärung entziehen, bieten einfach zu wenig Beschäftigungsmöglichkeit, um den ständig präsenten Anspruch an Veröffentlichung zu erfüllen.

> *Wenn jemand die Ideen derjenigen Genies, die Gründerväter der modernen Wissenschaft waren, Komitees von Spezialisten vorgelegt hätte, kann kein Zweifel bestehen, dass diese sie für abwegig befunden und gerade wegen ihrer Originalität und Tiefe aussortiert hätten. – Louis Victor de Broglie, Nobelpreisträger1929*

Soziologie und Parallelen zum Mittelalter

Viel leichter ist es da, Konzepte wie die „Dunkle Energie", und seien sie auch noch so willkürlich, zu etablieren und an anderer Stelle danach Ausschau zu halten.[i] Die wechselseitige Bestätigung des Phänomens bringt allen Beteiligten mehr Gewinn als das „Ausbremsen" eines derartigen „Fortschritts", indem man Zweifel kultiviert. Nur so ist es aus wissenschaftshistorischer Perspektive erklärlich, dass sich inzwischen ganze Forschungsgebiete gebildet haben, die die Dunkle Energie an verschiedenen Stellen gesucht und natürlich irgendwann gefunden haben.

So gilt die Dunkle Energie heute durch die Verteilung der Galaxien in großem Maßstab, durch den sogenannten integrierten Sachs-Wolfe-Effekt, und durch eine Reihe von anderen Beobachtungen als „unabhängig nachgewiesen". Man halte sich vor Augen, dass es sich bei der Dunklen Energie um ein System von sehr vielen frei wählbaren Parametern handelt, das die Interpretation jedwedes Messergebnisses erleichtert. Nichts passt hier besser als der Ausspruch von Erwin Schrödinger:[67] „Ist das Problem erst durch eine Ausrede beseitigt, entfällt auch die Notwendigkeit, darüber nachzudenken!" Die Reflexion über Grundlegendes ist dem Forschungszweig „Dunkle Energie" gründlich abhanden gekommen.

Francis Farley, ein erfolgreicher Kernphysiker, der jedoch in der Kosmologie als Außenseiter gilt, hat darauf hingewiesen,[68] dass die Supernova-Daten eigentlich beweisen, dass es keine

---

[i] Narlikar et al. (2010, *Res. Astr. Astroph.* 10, S. 1195) haben zum Beispiel nachgewiesen, dass statistische Techniken heute hochgradig missbräuchlich eingesetzt werden, um das Modell zu rechtfertigen. Anstatt echte statistische Tests für die Wahrscheinlichkeit zu verwenden, dass das Modell zutrifft – sie würden sehr schlechte Werte ergeben –, wird heute überwiegend a priori davon ausgegangen, dass die zahlreichen Parameter berechtigt sind. Die Analyse beschränkt sich dann darauf, deren Beschreibungspotenzial zu messen, aber nicht, ob sie überhaupt sinnvoll sind.

Anziehungskraft zwischen Galaxien gibt, eben die Beobachtung des „leeren Universums“, von der wir gesprochen hatten. Ich erinnere mich noch gut, als ich zum ersten Mal von diesem unheimlichen Resultat hörte – es war 2006 bei einem Vortrag von Bruno Leibundgut, Mitglied eines Supernova-Teams, das die beschleunigte Expansion „entdeckt“ hatte. Leibundgut sagte damals, die Daten hätten zunächst auf ein „leeres“ Universum hingedeutet, was sich niemand erklären konnte. Später sei man von dieser Interpretation abgekommen, weil die Daten dagegen gesprochen hätten.

Damals glaubte ich das (die Verbindung zu Einsteins Artikel 1911 war mir noch nicht bewusst) und verwarf den Gedanken wieder. Ich ließ mich von dem Wissenschaftsbetrieb überzeugen, dass mit der „Dunklen Energie“, die sehr viele Stellschrauben zur Verfügung stellt, die Daten noch besser beschrieben wurden als mit dem „leeren Universum“.

Ein kompliziertes Modell mit vielen anpassbaren Parametern einer einfachen Lösung vorzuziehen, bedeutet aber nichts anderes als Unkenntnis der Wissenschaftsgeschichte und Wissenschaftsmethodik. Bei den Supernova-Resultaten handelte es sich um einen typischen Fall einer Anomalie, wie sie von Thomas Kuhn in vielen Beispielen beschrieben worden ist. Wenn ein grundlegend falsches, aber etabliertes Modell wie etwa das geozentrische Weltbild im Mittelalter auf Widersprüche in den Daten stieß, dann wurden diese immer durch komplizierende Annahmen aufgelöst, anstatt dass man das Paradigma als solches in Frage stellte.[i]

Aus dem gleichen Grunde konnte sich die Gemeinde der Forscher nicht durchringen, die Gültigkeit der konventionellen

---

[i] Die Geschichte wiederholt sich hier wirklich mit erstaunlicher Regelmäßigkeit. Neuerdings wird allen Ernstes diskutiert, ob sich die Beschleunigung der Expansion wieder verringert (arxiv.org/abs/1509.03461).

Kosmologie in Frage zu stellen, obwohl das Ad-hoc-Postulat der Dunklen Energie ganz offensichtlich den Charakter eines Epizykels hat, wie ihn in die ptolemäische Astronomie zur Beschreibung der Mars-Umlaufbahn erfand. Im vorliegenden Fall gab es einfach keine ausgearbeitete Alternative.

Was nicht sein kann …

Als ich 2012 in einer E-Mail an Leibundgut nochmal auf die Frage zurückkam, ob denn die Supernova-Daten nicht auch mit einem leeren Universum vereinbar seien, räumte er auch ein, dass es ein ausgearbeitetes Modell dazu nicht gebe. Er wisse nicht, so wörtlich, wie das aussehen solle. Aus seiner Sicht hat er Recht, und man kann dies noch nicht einmal übelnehmen.

Leibundgut, dessen interessante Vorträge ich immer wieder gerne höre, ist ein Beispiel dafür, wie integre, kluge und ernsthafte Wissenschaftler letztlich doch Gefangene des Systems bleiben. Er weist durchaus immer wieder auf widersprüchliche Daten hin, wirft Fragen auf, die manchen Kollegen zu zweiflerisch erscheinen, und dennoch wird er sich wohl kaum zu der Ansicht durchringen, die aktuelle Kosmologie arbeite seit achtzig Jahren mit den falschen Voraussetzungen. Er müsste riskieren, aus der Gemeinde „exkommuniziert" zu werden, denn es gilt einfach als undenkbar, dass das herkömmliche Modell der Expansion des Universums grundlegend falsch ist.

Ganz abgesehen davon kann man sich heutzutage nicht einfach hinsetzen und an einem langen Wochenende die Beobachtungsdaten auf die Kompatibilität mit einer Kosmologie der variablen Lichtgeschwindigkeit untersuchen. Zu viel der komplexen Auswertung, an der Legionen von Wissenschaftlern beteiligt sind, geschieht schon unter der Annahme des jetzigen Modells. Auf diese methodischen Fragen, die nur mit einer ganz neuen Kultur von offenen Daten in der Wissenschaft zu lösen sind, kommen wir nun im letzten Kapitel zu sprechen.

Kapitel 13

Die nächste Revolution braucht offene Daten

Warum astronomische Präzisionsmessungen ins Internet gehören

Bestimmt haben Sie sich mehr als einmal bei der Lektüre gefragt, ob die Wissenschaft Einsteins Idee nicht längst hätte entdecken müssen, wäre denn wirklich etwas dran. Wir haben im letzten Kapitel schon ausgeführt, dass die mit der „Flachheit“ und „Dunklen Energie“ verbundenen Rätsel ganz klar darauf hindeuten, dass Einsteins variable Lichtgeschwindigkeit die richtige Idee zur Beschreibung des Kosmos war. Dass so ein Modell bis zur Anerkennung aber noch einen weiten Weg vor sich hat, wird Ihnen spätestens in diesem Kapitel klar werden.

Dafür gibt es einen trivialen Grund: Das derzeitige anerkannte „Konkordanzmodell“ der Kosmologie herrscht auch über die Datenauswertung. Die Analyse der modernen Großexperimente viel zu komplex, als dass sie aus einem alternativen Blickwinkel in kurzer Zeit wiederholt werden könnte. Man müsste eine Vielzahl von versierten Wissenschaftlern zur Verfügung haben, um hier eine Chancengleichheit bei der Datenauswertung herzustellen.

Trotz einiger viel versprechender Ansätze krankt die derzeitige Wissenschaftsorganisation an diesem Problem. Solange ganze Fachgebiete, die einem bestimmten Paradigma der Interpretation folgen, alleinigen Zugriff auf die Daten nebst den Ressourcen haben, diese auszuwerten, ist es völlig illusorisch, dass eine radikale neue Idee auch nur die Chance hat, geprüft zu werden.

Dabei reden wir hier noch gar nicht von den unüberwindlichen Hürden im Begutachtungsprozess, wenn die entsprechende Forschung zur Publikation eingereicht und von „Experten“ des Paradigmas beurteilt werden soll. Eine radikale Idee würde gar nicht zu diesem Punkt gelangen.

Methodik von Anno dazumal

Deshalb muss sich nicht nur das Paradigma der derzeitigen Kosmologie ändern, auch die derzeitige Methodik der Wissenschaft bedarf einer grundlegenden Reform. Vielleicht hilft hier nur eine technische Revolution. Oft genug hat eine neue Technik erst die eigentlichen wissenschaftlichen Durchbrüche verursacht – man denke an das Teleskop oder die Elektrifizierung. Das Internet könnte zu einer transparenten, wiederholbaren einfach besseren Methodik in der Wissenschaft führen. Dann würden nicht nur die im vorigen Kapitel angesprochenen Phänomene objektiver untersucht, sondern auch eine Reihe anderer Beobachtungen dazu beitragen, dass man Einsteins alte Idee wieder aufnimmt.

Generell funktioniert Wissenschaft nur mit Beobachtung. Es ist der Kern der naturwissenschaftlichen Methode, dass Theorien sich im Vergleich mit den Daten beweisen müssen – bzw. auch widerlegbar sein müssen. Dieses Kriterium hat der Wissenschaftsphilosoph Karl Popper hervorgehoben: Falsifizierbarkeit. Eine Theorie, die nicht die Möglichkeit eröffnet, sich im Beobachtungstest als falsch zu erweisen, ist eben Ideologie. Poppers Kriterium ist eine wunderbare Waffe gegen moderne Absonderlichkeiten der theoretischen Physik wie Stringtheorie, die es bisher in Jahrzehnten noch nicht geschafft hat, eine Vorhersage zu machen (für ihre Anhänger ist sie trotzdem zu schön, um falsch zu sein).

Falsifizierbarkeit ist also notwendig, aber leider noch nicht ausreichend, um gute Wissenschaft zu definieren. Insbesondere ist noch nicht alles vernünftig, was sich irgendwie auf Experimente bezieht. Man denke nur an die immer größeren Teilchenbeschleuniger, die zu einem technischen Hochleistungssport bar jeder kreativer Idee geworden sind. Die Wissenschaftsgeschichte hat oft gezeigt, dass auch von Beobachtungen gestützte Begriffe völlig inadäquat, ja geradezu sinnlos waren. Dies nicht anzuerkennen wäre wahre Realitätsverweigerung.

Besonders erhellend sind in diesem Zusammenhang die Bücher von Harry Collins, *Gravity's shadow*, und – wiewohl auf anderem Gebiet – *Constructing Quarks* von Andrew Pickering. Collins und Pickering demonstrieren, dass Experimente und Theorie keine getrennten Welten sind, sondern in einer Art Symbiose Bilder der Realität entwickeln. Neue Begriffe der Kosmologie wie Dunkle Materie und Dunkle Energie sind dabei beiden Arten der Forschergemeinden von Nutzen: Den Beobachtern erlauben sie, ihre Daten unter diesem Blickwinkel einzuordnen, die Theoretiker sehen ihre Arbeit durch Beobachtungen gerechtfertigt. Was Realität ist, wird dabei von nichts anderem als dem Konsens der Beteiligten bestimmt. Ob diese Begriffe tatsächlich adäquate Abbilder der Natur sind, ist dabei sekundär. Und Collins, Pickering und andere haben nachgewiesen, dass dieser Konsens im Wesentlichen ein *soziologischer* Prozess ist. Diese Erkenntnis – wenn auch auf der Metaebene – ist eine der am besten gesicherten wissenschaftlichen Tatsachen.

Jeder Praktiker in der Astrophysik und Kosmologie wird dies, wenn er ehrlich und nicht von Ehrgeiz umnebelt ist, auch zugeben. Zahlreiche Anekdoten von erfrischender Selbstironie zeigen, dass die Wissenschaftler von der umfassenden Gültigkeit des derzeitigen Standardmodells der Kosmologie keineswegs überzeugt sind, selbst wenn sie es in der Einleitung ihrer Artikel gebetsmühlenartig preisen. Zumindest im Hinterkopf, je nach Größe, ist noch ein Rest an Skepsis vorhanden.

> *Es ist schwieriger, eine vorgefaßte Meinung zu zertrümmern als ein Atom. – Albert Einstein*

Paradigma Kopf in den Sand

Wie in vielen Bereichen der Wissenschaft hat jedoch ein Gruppendenken eingesetzt, das es dem Einzelnen verwehrt, die gemeinsame Arbeitsgrundlage in Frage stellen. Damit ist kein explizites Verbot gemeint, sondern ein psychologisches, oft sogar unbewusstes Phänomen. Kaum jemand wird in einem Saal mit fünfhundert Wissenschaftlern einem Vortrag lauschen und gleichzeitig zweifeln, ob das Thema des Vortrags überhaupt einen Sinn ergibt – die Vorstellung, nicht mehr dabei sein zu dürfen, beeinflusst die Urteilskraft. Man wagt nicht mehr zu denken, was die Masse als undenkbar erachtet.

Thomas Kuhn hat diese dominierenden soziologischen Mechanismen des realen Wissenschaftsbetriebs klar benannt. Außer dem einen oder anderen Aufschrei gab es bis heute aber keinen ernsthaften Widerspruch gegen seine Thesen. Dies bedeutet leider keineswegs, dass die Wissenschaft Kuhns Einsichten in die Praxis umgesetzt hätte – etwa durch eine Supervision durch außerhalb der Gemeinde stehende Wissenschaftler, ob die derzeitige Forschung ihrem eigenen Anspruch an Methoden überhaupt gerecht wird usw. Die professionellen Institutionen benehmen sich hier, unter weiterem Blickwinkel, höchst unprofessionell.

Ein herrschendes Paradigma in Sinne Kuhns besteht gerade darin, dass Beobachtungen im Sinne des Modells ausführlich untersucht werden, während Widersprüche, auch wenn sie relativ offenkundig sind, einfach nicht ernst genommen werden. Sind sie dann unübersehbar, werden sie oft mit einer Komplizierung des Modells durch einen freien Parameter „verdaut". Eine Sequenz solcher Komplizierungen haben wir im letzten Kapitel mit den Begriffen „Expansion", „Raumexpansion" und schließlich „beschleunigter Expansion" vorgestellt.

Neben diesen Problemen rund um die Hubble-Expansion und die „Dunkle Energie" gibt es aber noch eine Reihe weiterer

Beobachtungen, die dem Standardmodell der Kosmologie widersprechen. Auch sie sind im Rahmen eines Paradigmas, das auf Einsteins Idee basiert, viel besser zu erklären. Auch hier ist aber Geduld vonnöten – der derzeitige Wissenschaftsbetrieb ist zum Teil gar nicht darauf vorbereitet, solche Fragen überhaupt zu untersuchen. Sobald es jedoch einen methodischen Lichtblick in Form einer allgemein zugänglicheren Datenauswertung gibt, warten eine Reihe interessanter Fakten. Dazu nur einige ausgewählte Beispiele.

Galaxien viel zu klein

Viele isolierte Beobachtungen, die in den letzten Jahren trotz Publikation wenig Aufmerksamkeit gefunden haben, erscheinen unter dem Blickwinkel der Einstein-Dicke-Kosmologie unter ganz neuem Licht. Ein schönes Bespiel sind die offen verfügbaren Daten aus dem Galaxienkatalog SDSS.[69]

Ein klarer Hinweis darauf, dass das derzeitige Modell nicht stimmt, ist die Größe weit entfernter Galaxien. Die Anwendung der herkömmlichen Allgemeinen Relativitätstheorie auf den Kosmos führt zu einem Wirrwarr von Postulaten, die wir im letzten Kapitel besprochen haben. Demnach gäbe es jeweils verschiedene Ausdehnungen des Raumes, des Lichts und der Materie. Dies ist nicht nur vollkommen kontraintuitiv, sondern auch alles andere als von den Daten bestätigt. Insbesondere lag die Prognose für die scheinbare Galaxiengröße am Himmel, die nach dem Modell ab einer bestimmten Entfernung wieder zunehmen sollte, krass daneben. Wie der spanische Astronom Martín López Corredoira in einer Untersuchung[70] gezeigt hat, müssten die entfernten Galaxien sechsmal so groß sein wie beobachtet, um den Erwartungen zu entsprechen.

So als hätte es Kuhn vorhergesehen, ruft man hier wieder willkürliche Annahmen zu Hilfe, ehe man das Modell als gescheitert ansieht. So postulierte man, die Galaxien unterlägen selbst einer gewissen Veränderung in Helligkeit und Größe (Evolution), natürlich gerade so viel, dass die Daten wieder übereinstimmen. Obwohl der Widerspruch eigentlich eklatant ist, wird trotzdem nicht viel Aufhebens darum gemacht. In einer detaillierten Untersuchung wurde sogar noch ein weiterer Parameter eingeführt, ohne dass man nach einer vernünftigen Erklärung überhaupt suchte.[71] Es sind eben Argumente, die man schwer widerlegen kann, aber methodisch betrachtet herbeigezauberte Ausreden sind.

López Corredoiras Analyse zeigt dagegen einen ganz einfachen Zusammenhang: Je weiter weg, desto kleiner erscheinen die Galaxien – genauso wie wir es aus dem Alltag kennen, wenn wir Menschen Autos oder Hochhäuser aus der Entfernung betrachten. Wie die verschiedenen angeblichen Evolutionseffekte zusammenspielen, um eine so simple Illusion zu erzeugen, bleibt das Geheimnis deren Verfechter.

Die auf den ersten Blick einfachste Interpretation der Daten wäre: Es gibt weder eine nennenswerte Evolution, noch eine Beschleunigung, noch eine Expansion selbst: Die sichtbare Ausdehnung der Galaxien am Himmel nimmt einfach mit der Entfernung ab, so wie man dies im Einstein-Dicke-Modell in erster Näherung erwarten kann. Es ist sicher schade, dass Robert Dicke diese Daten nicht mehr zu Gesicht bekommen hat – er starb 1997, kurz vor der Blüte der Internet-Daten.

Zwielichtige Signale

Ein weiteres, gerne verdrängtes Thema, dessen sich López Corredoira ebenfalls angenommen hat, sind Quasare. Diese nahezu punktförmigen Lichtquellen sind auf den ersten Blick kaum von Sternen zu unterscheiden, weisen jedoch eine enorme Rotverschiebung auf. Nach herrschender Meinung ordnet man sie daher extragalaktischen Objekten zu, genauer gesagt jungen, leuchtkräftigen Galaxienkernen.

Aber schon hier gibt es Auffälligkeiten. Während alle anderen astrophysikalischen Objekte während der kosmischen Evolution wenig Lust zur Veränderung zeigen, scheint es für Quasare eine bevorzugten Zeitraum zu geben, in dem sie zu beobachten sind – absolut ungewöhnlich. López Corredoira nennt noch eine Reihe von schweren schwerwiegenden Widersprüchen, zieht allerdings auch ein resigniertes Fazit:

> *„Es ist ein Thema, zu dem jeder eine Meinung hat, ohne die Artikel gelesen zu haben oder die Details zu kennen, weil einige führende Kosmologen gesagt haben, es sei Unsinn."*

Ein ketzerischer Gedanke wäre, dass die Rotverschiebungen der Quasare nicht nur kosmologischer Natur sind, sondern zum Teil von der Gravitation des Objekts selbst hervorgerufen werden.

Nach der Allgemeinen Relativitätstheorie beziehungsweise der in Kapitel 8 besprochenen Gravitationsrotverschiebung wäre dies eine realistische Möglichkeit – aber es fehlt eine Theorie dazu, die dies erklärt. Entschärft wäre damit allerdings ein großes Rätsel, das die Quasare verfolgt: ihre riesige Leuchtkraft, zu deren Erklärung man neue, nicht immer ganz logische Mechanismen herangezogen hat. Wäre ein Teil der Rotverschiebung hingegen durch Gravitation bedingt, dann wäre ihre aus der Rotverschiebung abgeleitete Entfernung entsprechend geringer und somit die große Leuchtkraft nicht mehr so unverständlich. Ein näher gelegenes Objekt erscheint uns ja auch heller, selbst wenn es relativ klein ist. Eine nähere Untersuchung ist hier prinzipiell möglich, da es im *Sloan Digital Sky Survey* (SDSS) einen riesigen Datensatz zu Quasaren gibt.

Strukturbildung und keine Ursache dafür

Ein Meer von Unverständnis, und daher ein stark unterrepräsentiertes Thema, ist die Strukturbildung im Universum. Was ist damit gemeint? Man nimmt an – und das ist ja noch nicht falsch

– dass es keine bevorzugte Raumrichtung gab und Materie zu Beginn des Universums gleichmäßig verteilt war. In diesem Sinne werden auch die Daten interpretiert, die man kosmischer Mikrowellenhintergrund nennt.

Andererseits besteht das Universum ganz offensichtlich aus hochgradig konzentrierter Materie: Planeten, die in der Leere des interplanetaren Raums schweben, und Sonnensysteme, deren Dichte ungleich höher ist als der umgebende interstellare Raum. Aber damit nicht genug: Sterne konzentrieren sich in Galaxien, und Galaxien in Haufen, die von riesigen intergalaktischen Leerräumen, sogenannten Voids, umgeben sind.

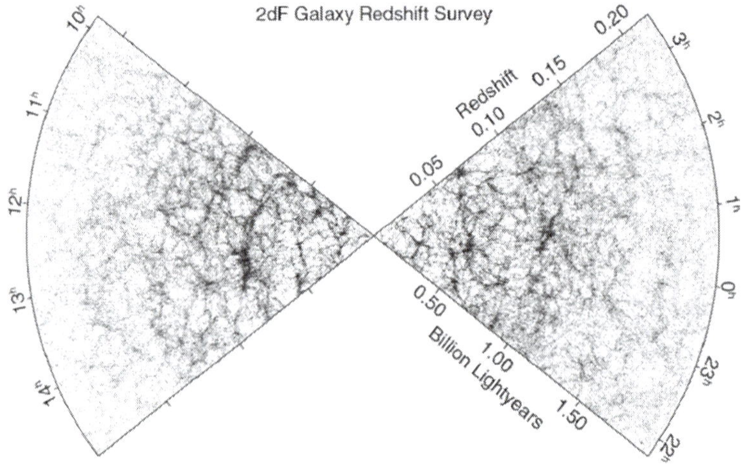

Galaxienverteilung im Universum, wie sie zum ersten Mal in dieser Art von Geller und Huchra (1986) gemessen wurde. Es zeigen sich auffällige Strukturen mit großräumigen Inhomogenitäten. Diese sind bis jetzt im konventionellen Modell schwer zu erklären.[2dF Galaxy Redshift Survey Team]

Die verschwindende Dichte in diesen Voids ist ein Rätsel für sich, aber vor allem ist erstaunlich, dass das System der Konzentration zu immer größeren Strukturen kein Ende findet: Galaxienhaufen formen Superhaufen, und Statistiken beweisen, dass die Größe der Strukturen sich über das ganze sichtbare Universum ausdehnen.[i] Dies widerspricht eklatant dem herkömmlichen Modell, das in einer langen Reihe von Zugeständnissen über die Jahre immer größere Strukturen erklären musste und nun am Ende der Rechtfertigungskette angelangt ist – Ignorieren der Widersprüche.

Auf galaktischer Ebene hat man zuerst versucht, das Problem mit dem Postulat von Dunkler Materie zu lösen – angeblich habe sich diese aus irgendwelchen Gründen vorher konzentriert, und die normale Materie sei ihr dann nachgefolgt. Dieser schon anrüchig klingende Mechanismus war aber noch nicht einmal ausreichend, die enorme Zusammenballung der Materie im Kosmos zu erklären – zusätzlich postuliert man nun einen sogenannten „Bias“ in der Galaxienentstehung, ohne dass man sich überhaupt die Mühe macht, ein physikalisch sinnvolles Korrelat zu finden. Weitere freie Parameter, etwa zur Helligkeitsevolution, finden gar nicht erst Eingang in die öffentliche Wahrnehmung.

Während die unverstandene Entstehung der großen Strukturen[72] im Universum wenigstens eine gewisse Prominenz erlangt hat, vergisst man, dass keiner genau weiß, wie sich überhaupt die Sonne und die Planeten geformt haben. Die Vorstellung von durch die Schwerkraft kontrahierenden Gaswolken mag noch einleuchten, jedoch ist dieses vage Szenario weit von einem quantitativen und eindeutigen Verständnis entfernt.[73]

Generell versteht auf den verschiedensten Größenskalen niemand, wie eine gleich verteilte Materie sich zu der beobachteten Konzentration zusammenballen konnte. Der Grund kann nur sein, dass ein wesentliches Element der kosmischen Evolution noch nicht verstanden ist. Und an dieser Stelle bietet das Modell von Dicke einen ausgezeichneten Ansatz. Durch die variablen

---

[i] Besonders verdient gemacht um das Herausstellen der Probleme hat sich Francesco Sylos Labini (arXiv.org/abs/1103.5974 und 1110.4041.)

Größenskalen, die im Verlauf der Evolution immer kleiner wurden, wurde die Materie geradezu gezwungen, sich zu organisieren.

Anders ausgedrückt, wäre die Wirkung der Gravitation, wenn sie nach dem Machschen Prinzip mit den sichtbaren Massen abnimmt, zu Beginn des Universums wesentlich größer gewesen. Die Modelle der kosmischen Evolution leiden genau daran, dass die Gravitationskonstante einen für immer festgelegten winzigen Wert hat. Ganz sicher ließe sich vieles mit einer schwächer werdenden Gravitation in dem Modell von Dicke erklären. Auch hierfür würden offene Daten erst die Voraussetzung schaffen.

G und die Erde

Ganz sicher kommt hier sofort das Gegenargument auf, die schon von Dirac vermutete Abnahme der Gravitationskonstante sei durch Beobachtungen widerlegt. Dabei wird allzu leicht vergessen, dass viele dieser vermeintlichen reinen Beobachtungen, ganz wie von Kuhn beschrieben, auf Annahmen des Modells beruhen, zu denen sie dann natürlich keinen Widerspruch finden können.[i]

Ein ebenso überraschender eindeutiger Test für die Veränderlichkeit von *G* wäre eine winzige Zunahme des Erdradius. Denn sollte die Gravitation tatsächlich schwächer werden, würden die enormen Gegenkräfte im Erdinneren, die der der Gravitation entgegenwirken, zu einer leichten Erdexpansion führen. Zum ersten Mal wurde dieser Gedanke von Pascual Jordan in seinem visionären Werk *Schwerkraft und Weltall* von 1955 erwähnt. Und er ist keineswegs widerlegt.

---

[i] Das gilt zum Beispiel für die Messungen des Abstands zum Mars durch die Viking-Sonden im Jahr 1979.

Das Problem dabei ist, dass sich die Idee eine Zeit lang in Konkurrenz zur Kontinentaldrift befand, die von Alfred Wegener schon 1912 vorausgesagt worden war, aber erst 1960 experimentell bestätigt wurde, übrigens auch dies ein krasser Fall von Gruppendenken in einem Forschungsgebiet. An der Kontinentaldrift, die sich in der Größenordnung von Zentimeter pro Jahr abspielt, gibt es heute natürlich nicht mehr den geringsten Zweifel, aber zusätzlich könnte die Erde noch in geringerer Weise – zum Beispiel Zehntel Millimeter pro Jahr – expandieren. Die Ergebnisse dazu sind nicht eindeutig.[74] Die hochinteressanten erdgeschichtlichen Argumente von Jordan, ebenso wie die Möglichkeit, dies an Mondrillen (können durch Expansion des Mondes entstehen) zu überprüfen, gelten jedenfalls nach wie vor.

Eine andere Möglichkeit, einen Trend von *G* direkt nachzuweisen, stellen supraleitende Gravimeter dar. Diese hochempfindlichen Geräte können Veränderungen der lokalen Schwerkraft auf nm/s^2 nachweisen, das heißt auf einen Teil in zehn Milliarden! Allerdings wird die Schwerkraft von zahlreichen natürlichen Schwankungen beeinflusst, angefangen von den Gezeiten des Mondes bis hin zur unterschiedlichen Deformation der Erdoberfläche durch den Luftdruck. Daher ist die Datenauswertung noch nicht eindeutig möglich, ist aber dennoch mit kommender Technologie greifbar. Die Daten der supraleitenden Gravimeter sind im Prinzip im Internet verfügbar.[i]

Die Methode, die funktioniert

Kann sich eine neue Kultur der Datenauswertung wirklich durchsetzen? Schon im letzten Kapitel haben wir eine Serie von Beobachtungen um „Dunkle Energie“ und „Flachheit“ angesprochen, die mit der Einstein-Dicke-Kosmologie besser zu

---

[i] http://ggp.gfz-potsdam.de. Leider ist der Zugang eingeschränkt. Ein Versuch in dieser Richtung ist arxiv.org/abs/gr-qc/0610028.

erklären wären. Wie erwähnt, sind die Rohdaten aber meist zu umfangreich, als dass sie von Einzelnen außerhalb der „Community“ bearbeitet werden können.

Dort geschieht die Auswertung durchaus nach bestem Wissen und Gewissen, jedoch liegt die Crux in dem heute üblichen „vertikalen“ Prozess der Datenverarbeitung: Von den ersten Rohdaten, die zum Beispiel die Satelliten liefern, über die Kalibration und verschiedenen Stufen der Modellierung wird die gesamte Auswertung von einer einzigen Gruppe von Wissenschaftlern durchgeführt, die dann am Ende zum Beispiel verkündet, das Universum enthalte einen bestimmten Prozentsatz von Dunkler Energie.

Ein Muster an Intransparenz ist dabei leider eines der Prestigeprojekte der Kosmologie, der kosmische Mikrowellenhintergrund, der im Wesentlichen von großen Teams der Raumsonden COBE, WMAP und Planck ausgewertet wurde. Diese Missionen sind nicht nur weitgehend undurchsichtig und ohne Einsatz von großen Ressourcen nicht wiederholbar, sondern auch mit Sicherheit nicht unbeeinflusst von dem Ergebnis, das das Paradigma vorgibt. Zugängliche Rohdaten sucht man hier vergeblich, und berechtigte Fragen zur Auswertung werden ignoriert.[75]

Natürlich muss hier keine Fälschung oder Verzerrung vorliegen, aber allein die Tatsache, dass das Endergebnis in der Sprache des etablierten Modells wiedergegeben wird, stellt eine Selektion dar, die das ganze Projekt für alternative Ansätze wertlos macht.

Dankenswerterweise ist die Situation nicht überall so verfahren. Die letzten Jahrzehnte brachten ihr ein goldenes Zeitalter der Beobachtungen, Teleskope im erdnahen Weltraum liefern Daten von nie dagewesener Qualität in allen Wellenlängenbereichen. Dank Computer und Internet sollte die Verbreitung der Rohdaten eigentlich kein Problem sein, ist aber bei weitem noch nicht zur Selbstverständlichkeit geworden.

Vor allem aber muss an die Stelle des oben beschriebenen „vertikalen“ Systems der Datenverarbeitung ein „horizontales“ treten, in dem die Daten auf verschiedenen Abstraktionsstufen von unabhängigen Teams analysiert werden. Natürlich ist die Steuerung von Satelliten und das Auslesen der Signale aus den CCD-Chips eine komplexe Aufgabe, die höchste Qualifikation und Sorgfalt verlangt. Unbedingt sind dabei auch alle verwendeten Auswertungsprogramme offen zu legen.

Die so gewonnenen Rohdaten (wobei es verschiedene Formen von „roh“ gibt) müssen ebenfalls im Internet zugänglich gemacht werden. Mit dem so vorliegenden Ergebnis, bestimmte Lichtsignale an bestimmten Himmelspositionen in einer bestimmten Wellenlänge zu einer bestimmten Zeit, ist aber noch keine Interpretation vorweggenommen. Leider sind die so aufbereiteten Daten noch nicht wirklich brauchbar. Nun gilt es oft, ein unerwünschtes Vordergrundsignal aus den Daten herauszurechnen, und dabei fließen schon weitreichende Annahmen ein. Hier wird erneut klar, dass das Herausschälen einer „objektiven“ Realität keineswegs einfach ist, sondern praktisch alle Beobachtungen einer Interpretation bedürfen.

Dass eine solche „horizontale“ Datenauswertung funktionieren kann, haben immerhin ein paar gelungene Beispiele belegt. Der Galaxienkatalog *SDSS* oder auch die *Hubble-Deep-Field-*Aufnahme eines Himmelsbereiches enthalten hochwertige astronomische Daten, die für jedermann zugänglich sind. Nicht zufällig haben gerade diese Datensätze nicht nur eine unerwartet hohe Zahl von Veröffentlichungen generiert, sondern auch die deutlichsten Widersprüche zum Standardmodell aufgedeckt.

Wo die Not ist, wächst die Hoffnung

Anlass zur Hoffnung gibt *Gaia*. Ab 2016 wird dieses vielleicht wichtigste Teleskop der Weltraumära erste Daten liefern. Dabei ist das Messprinzip von *Gaia* schon über zweitausend Jahre alt: Schon der antike Astronom Hipparch von Nicäa hat astronomische Distanzen mit der Parallaxe gemessen, also dem Winkelunterschied, unter dem ein Objekt zwischen zwei Beobachtungspunkten sichtbar ist. Die Einfachheit der Methode macht sie aber gleichzeitig widerstandsfähiger gegen jene subtilen Täuschungen, denen die Entfernungsbestimmung in der Astronomie immer wieder aufgesessen ist – allen voran ihr Held Edwin Hubble, dessen Leistung nicht dadurch geschmälert wird, dass er die Entfernungen zu Galaxien nahezu um das zehnfache unterschätzte. *Gaia* wird eine neue Ära der Präzisionsastronomie eröffnen, die den Namen verdient. Richtig zur Geltung kommen kann allerdings der Nutzen nur, wenn die Daten frei zugänglich sind und transparent aufbereitet werden. Zumindest wurde dies versprochen,[76] und es deutet alles darauf hin, dass *Gaia* ein Vorbild „horizontaler" Datenauswertung wird.

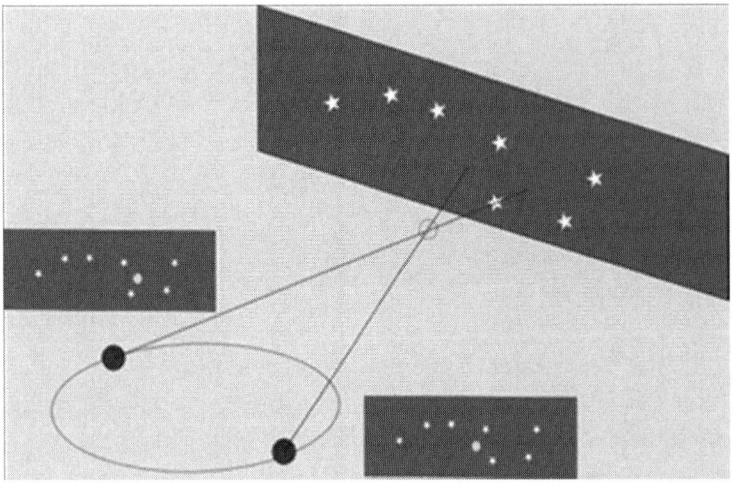

Prinzip der Sternparallaxe: Durch die jährliche Bewegung der Erde um die Sonne verschiebt sich ein naher Stern vor dem entfernten Hintergrund im Halbjahresrhythmus, hier stark übertrieben. [Wikipedia Creative Commons]

Es scheint also nicht undenkbar, dass die technische Revolution der Weltraumteleskope einer Revolution in der Datenverarbeitung nachfolgt, die auf diesem „horizontalen" Prinzip beruht. Eigentlich wäre dies nichts anderes als die Rückbesinnung auf einen Wert, der Wissenschaft definiert: Reproduzierbarkeit, das heißt jede Beobachtung muss von unabhängiger Seite wiederholt werden können.

Die heutigen „Communities“ haben diese unabdingbare Voraussetzung verkümmern lassen und sich in eine Expertokratie verwandelt, die echte Reproduzierbarkeit behindert. Wissenschaft kann sich aber nicht fortentwickeln ohne absolute Transparenz ihrer Resultate. Diese Transparenz und Reproduzierbarkeit ist jedoch im Internetzeitalter kein fernliegender Traum mehr. Früher oder später wird die Wissenschaft gezwungen sein, alle Daten nebst Auswertungen offen zu legen und für jeden Interessierten nachprüfbar zu machen.

Nur so eine methodische Revolution kann die Voraussetzung schaffen für den notwendigen Paradigmenwechsel in der Kosmologie. Einsteins Idee würde deren grundlegende Rätsel klären. Sie ist einfach, intuitiv und in allen ihren Konsequenzen nicht weniger revolutionär als sein bisheriges Werk. Es wird Zeit, diesen über hundert Jahre alten Schatz zu heben.

Ausblick

Zur Zeit Einsteins blühte die Wissenschaft. Vielleicht haben Sie inzwischen genauso wie ich den Eindruck gewonnen, dass sich die derzeitige Physik in einer Krise befindet. Muss uns dies berühren? Man mag als Steuerzahler daran interessiert sein, ob die Milliarden, die in die echte oder vermeintliche Grundlagenforschung fließen, wohlinvestiert sind. Aber das Problem ist grundlegender. Unser Verständnis der Naturgesetze wird auf lange Sicht entscheidend dazu beitragen, wie sich unsere Zivilisation an die Zufälligkeiten in einem weitgehend lebendfeindlichen Kosmos anpassen kann.

Ob dies gelingt, wird auch von den globalen gesellschaftlichen Entwicklungen abhängen, insbesondere von der Verbreitung von Daten und Information. Das Internetzeitalter ist hier sicher ein großer Evolutionsschritt. Gleichzeitig findet ein grundlegender Umbruch statt, und wir stehen wohl erst am Anfang der Kämpfe um Information und Deutungshoheit. Nicht wenige Menschen nehmen inzwischen die Welt ganz anders wahr, als sie von den Massenmedien abgebildet wird, und das Bewusstsein, dass diese einen beeinflussbaren Machtfaktor darstellen, greift langsam um sich. Man darf sich jedoch nicht der Illusion hingeben, dass wissenschaftliche Themen als vermeintlich wertfreie Erkenntnis davon ausgenommen wären. Sobald sie Technik, Macht und Geld berühren, gibt es einen Anreiz, in der Öffentlichkeit ein bestimmtes Bild zu erwecken bzw. aufrechtzuerhalten. Ich wünsche mir, dass diese Lektüre Ihnen geholfen hat, bei der Beurteilung dieser wissenschaftlichen Fragen zu einer möglichst eigenständigen Bewertung zu kommen. Nichts anderes war mein Ziel.

Dank

Meiner Familie und meinen Freunden danke ich wieder für das große Verständnis, das Korrekturlesen und zahlreiche andere Unterstützungen. Besonders verpflichtet fühle ich mich auch meinem Land, das individuelle Freiheit, Rechtsstaatlichkeit und eine offene Wissensgesellschaft bisher zu bewahren vermochte und mir erlaubt hat, einen großen Teil meines Lebens der Erforschung der Naturgesetze zu widmen. Möge es so bleiben.

Bildrechte

Literatur

Arp, Halton: Seeing Red, Apeiron 1998

Barbour, Julian: The End of Time, Oxford Univ. Press 1999

Beyvers, Gottfried und Krusch, Elvira: Kleines 1 x 1 der Relativität, Springer 2009

Collins, Harry: Gravity's Shadow, Univ. of Chicago Press 2004

Debever, Robert (Hrsg.), Cartan, Élie, Einstein, Albert: Letters on Absolute Parallelism, 1929–1932, Princeton University Press 1979

Di Trocchio, Federico: Newtons Koffer, Rowohlt 1997

Einstein, Albert: Mein Weltbild, Ullstein, Neuausgabe 1988

Feyerabend, Paul: Wider den Methodenzwang, Suhrkamp 1986

Feynman, Richard; Leighton, Robert; Sands, Matthew: Lectures on Physics, Bd. 2, Addison-Wesley 1964.

Feynman, Richard: QED – The Strange Theory of Light and Matter, Princeton Univ. Press 1988

Fölsing, Albrecht: Albert Einstein, Suhrkamp 1993

Gutfreund, Hanoch und Renn, Jürgen: The Road to Relativity, Princeton University Press, 2015

Heisenberg, Werner: Der Teil und das Ganze, Piper 1969

Isaacson, Walter: Albert Einstein – His life and universe. Simon & Schuster Reprint 2008 (Kindle)

Jordan, Pascual: Schwerkraft und Weltall, Vieweg 1955

Jungk, Robert: Heller als tausend Sonnen, Heyne 1990

Kragh, Helge: Dirac, Cambridge Univ. Press 1990

Kuhn, Thomas: Die Struktur wissenschaftlicher Revolutionen, Suhrkamp 1969

Landau, L.D., Lifschitz, E.M.: Theoretische Physik Band II.

Lindley, David: The End of Physics, BasicBooks 1993 (dt: Das Ende der Physik, Birkhäuser 1994).

López Corredoira, Martín: Against the Tide, Universal Publishers 2008

López Corredoira, Martín: The Twilight of the Scientific Age,Brown Walker Press 2013

Mach, Ernst: Die Mechanik in ihrer Entwicklung, historisch-kritisch dargestellt, 1883

Mackay, Alan: A Dictionary of Scientific Quotations, Adam Hilger 1991

Pais, Abraham: Albert Einstein – Subtle is the Lord. Oxford University Press 2005 Kindle (Orig.: 1982; dt. Raffiniert ist der Herrgott, Vieweg 1986)

Pickering, Andrew: Constructing Quarks, Univ. Chicago Press 1986

Rosenthal-Schneider, Ilse: Begegnungen mit Einstein, von Laue und Planck, Vieweg 1988

Sanders, Robert: The Dark Matter Problem, Cambridge Univ. Press 2010

Schrödinger, Erwin: Die Natur und die Griechen, Rowohlt 1956

Schrödinger, Erwin: Mein Leben, meine Weltansicht, dtv 2006

Singh, Simon: Big Bang, Hanser 2005 (1004, Fourth estate)

Unzicker, Alexander: Vom Urknall zum Durchknall, Springer 2010

Unzicker, Alexander: Auf dem Holzweg durchs Universum, Hanser 2012

Index

Endnoten

---

1 *Annalen der Physik* 35 (1911), S. 905.

2 Einsteins Idee wurde nur sporadisch mit dem Gravitationslinseneffekt in Verbindung gebracht (T. Sauer, *Physik Journal* 14 (2015), S. 45ff.).

3 R. Dicke, Reviews of Modern Physics 29 (1957), S. 363–376. Siehe auch A. Unzicker, vixra.org/abs/1510.0082.

4 A. Einstein, Mein Weltbild, S. 34.

5 Dies ist unter Historikern umstritten, vgl. T. Sauer, Arch. Hist. Ex. Sci. 59 (2005), 577–590.

6 Dies wurde gezeigt unter anderem von Broekaert, *FoP* 38 (2008), S. 409–435, insbes. Fußnote 70. Arxiv: gr-qc/0405015.

7 P.A.M. Dirac, *Proc. Roy. Soc.*, London, 165 (1938), S. 199 ff.

8 I. Rosenthal-Schneider, Unterhaltungen mit Einstein, von Laue und Planck, Vieweg 1988, S. 27.

9 Seit 2015 online verfügbar auf einsteinpapers.press.princeton.edu/vol3-trans/393.

10 M. J. Duff, L. B. Okun, G. Veneziano, arxiv.org/abs/physics/0110060.

11 A. Moszkowski, loc.1719.

12 *Mathematische Annalen* 102 (1930), S. 685–697.

13 Élie Cartan and Albert Einstein: Letters on Absolute Parallelism, 1929–1932, Princeton Legacy Library, 2015.

[14] I. Rosenthal-Schneider, S.41. Im Zitat von Max Planck wird deutlich, wie grundlegend ihre Frage zu den Naturkonstanten war.

[15] Vgl. *Vom Urknall zum Durchknall* und *Auf dem Holzweg durchs Universum.*

[16] Rosenthal-Schneider, S. 29.

[17] In einer wunderschönen Geschichte in einem Schiffsrumpf, vgl. z. B. Singh (2005), S. 54.

[18] A. Einstein, Mein Weltbild.

[19] *Annalen der Physik* 49 (1916), S. 771.

[20] Zu dem Problem des „Newton'schen Eimers" gibt es einen überaus interessanten Artikel von Donald Lynden-Bell und Jonathan Katz (arXiv:astro-ph/9509158).

[21] Vgl. mein Buch *Auf dem Holzweg durchs Universum*, Kap. II 1.

[22] A. Einstein, Annalen der Physik 35 (1911), S. 906. http://myweb.rz.uni-augsburg.de/~eckern/adp/history/einstein-papers/1911_35_898-908.pdf.

[23] z. B. Sexl/Urbantke, Gravitation und Kosmologie (Spektrum), § 3.3.

[24] https://en.wikipedia.org/wiki/Second

[25] Ellis, arxiv.org/abs/astro-ph/0703751 und die Replik arxiv.org/abs/07082927.

[26] A. Pais, loc. 5999.

[27] W. Isaacson, (kindle ed.) loc. 3173. Einstein war also mit Atomtheorie und Radioaktivität beschäftigt. Der Kongress fand vom 30. Oktober bis 4. November statt (Pais, kindle ed. loc. 5926).

[28] Vgl. z. B. die sporadische Erwähnung in Briefwechseln, http://einsteinpapers.press.princeton.edu/vol5-doc.

[29] Wir beziehen uns hier auf die Fernparallelismus-Theorien von Einstein und Cartan um 1930.

[30] A. Einstein, Mein Weltbild, Ullstein 2005.

[31] Siehe z.B. Landau-Lifshitz II, § 81ff.

[32] www.deutschlandfunk.de/allgemeine-relativitaetstheorie-der-wertvollste-fund-meines.740.de.html

[33] F. Winterberg: *Zeitschrift für Naturforschung A.* Bd. 59, 2004, S. 715.

[34] A. Einstein, Sitzungsberichte der Preussischen Akademie der Wissenschaften II, 778 (1915).

[35] P. Coles, arxiv.org/abs/astro-ph/0102462.

[36] Vgl . Parks, *Phys. Rev. Lett.* 105 (2010), S. 110801; arXiv:1008.3203, oder die Übersicht arxiv.org/abs/gr-qc/0702009.

[37] D. Sciama, *Monthly Notices of the Royal Astronomical Society*, Vol. 113, S. 34
[38] R. Penrose, The Road to Reality, Kap. 27.6.
[39] http://www.heise.de/tp/artikel/44/44441/1.html.
[40] Annalen der Physik 382 (1925), S.325-336.
[41] http://onlinelibrary.wiley.com/doi/10.1002/phbl.19600161104/pdf.
[42] A. Einstein, *Annalen der Physik* 55 (1918), S. 241.
[43] A. E. Chubykalo, arXiv:hep-th/9510051, A. Unzicker, arxiv.org/abs/gr-qc/0308087.
[44] R. Dicke, *Review of Modern Physics* 29 (1957), S. 363–376.
[45] D. Sciama, *Monthly Notices of the Royal Astronomical Society*, Vol. 113, S. 34.
[46] C. F. Will, relativity.livingreviews.org/Articles/lrr-2014-4/
[47] Das Pound-Rebka-Experiment, ermöglicht durch eine Entdeckung von Rudolf Mößbauer (Nobelpreis 1961).
[48] J. L. Snider, *Physical Review Letters*, vol. 28 (1972), pp. 853–856.
[49] H. Yilmaz, *Physical Review*, vol. 111 (1958), pp. 1417–1426
[50] H. Dehnen et al. *Annalen der Physik* 461(1960), S. 370–406; K. Krogh, ArXiv.org/abs/astro-ph/9910325; M. Arminjon, ArXiv.org/abs/gr-qc/0409092; H. E. Puthoff , ArXiv.org/abs/9909037.
[51] J. Broekaert, arxiv.org/abs/gr-qc/0405015
[52] A. Unzicker und J. Preuss, arxiv.org/abs/1503.06763
[53] Vgl. Kragh, S. 187.
[54] P.A.M. Dirac, *Proc. R. Soc. Lond.* A165 (1938) 199–208.
[55] Vgl. *Vom Urknall zum Durchknall*, Kap. 17.
[56] http://vixra.org/abs/1301.0110.
[57] Es gibt jedenfalls keinen Hinweis in den Dirac-Biographien von Graham Farmelo und Helge Kragh.
[58] Mit englischer Übersetzung, A. Unzicker und T. Case, arxiv.org/abs/physics/0503046.
[59] J.-P. Uzan, *Rev. Mod. Phys.* 75 (2003), S. 403; arXiv.org/abs/hep-ph/0205340.
[60] Als sogenanntes Koinzidenzproblem bekannt.
[61] P.A.M. Dirac, *Proc. R. Soc. Lond.* A165 (1938) 205.
[62] P.A.M. Dirac, *Nature*, Vol. 192, Issue 4801, pp. 441 (1961).
[63] Arxiv.org/abs/1402.0132.
[64] http://www.astro.ucla.edu/~wright/sne_cosmology.html.
[65] http://arxiv.org/pdf/astro-ph/9805201.pdf
[66] Müller, Roland: *Fritz Zwicky*, Baeschlin 1986, S. 427.

[67] In dem schönen Buch *Die Natur und die Griechen.*
[68] Farley, arXiv.org/abs/0901.3854.
[69] Sloan Digital Sky Survey. Mit ganz bescheidenen Mittel kann man hier schon eine Anomalie der Galaxiengröße und Leuchtkraft feststellen: arxiv.org/abs/1011.4956.
[70] M. López-Corredoira, *Int. J. Mod. Phys. D* 19, S. 245–291, arXiv.org/abs/1002.0525.
[71] M. Blanton et al., *Astroph. J.* 592 (2003), S. 819–838, arXiv.org/abs/astro-ph/0210215.
[72] Z.B. P.Kroupa, arXiv.org/abs/1204.2546.
[73] Vgl. z.B. T. van Flandern, Dark Matter, Missing Planets and New Comets, noth Atlantic Books, 1999 (2.Auflage)
[74] X. Wu et al., *Geophysical Research Letters*, Vol. 38 (2011)13, CiteID L13304; Nikita P. Zelensky et al., *Journal of Geodesy,* Vol. 88 (2014) 517–537.
[75] Robitaille, a radiological analysis, www.ptep-online.com/index_files/2009/PP-19-03.PDF, www.ptep-online.com/index_files/2007/PP-08-01.PDF.
[76] So jedenfalls der Projektleiter Ulrich Bastian bei einem Vortrag im Deutschen Museum in München 2015.

Printed in Poland
by Amazon Fulfillment
Poland Sp. z o.o., Wrocław

76272856R00145